Requiem der veronderstelde ziekten.

Colofon:

Eerste druk 2012

© Fernand Haesbrouck 2012
© Fernand Haesbrouck en Truus, kaft

ISBN 978-908152131-4
NUR 863

Uitgeverij Tarcom NV
www.adhdfraude.net

Dit boek is opgemaakt in OpenOffice.org

Requiem der veronderstelde ziekten.

Cyantific mass destruction mongering.

Fernand Haesbrouck

Uitgeverij Tarcom.

Inhoud

Voorwoord

Deze publicatie is niet naar de zin van overheid, geneeskunde en orde der apothekers, omdat afgeweken wordt van de wetenschappelijke stelling dat de werking van psychotisch makende stoffen (ADHD-medicatie en antidepressiva) ONBEKEND is en zo moet blijven.

Vandaar dat de niet-wetenschappelijke inhoud ervan, die de werking ervan WEL uitlegt, een financiële schade zou toebrengen aan diezelfde overheid, geneeskunde en orde der apothekers.

Door mij op basis van een anonieme klacht en via een occulte rechtsgang schuldig te verklaren aan alle ten laste gelegde feiten, werd mij, bij verstek, als tuchtstraf de berisping aangesmeerd.

De keuze voor deze geheime rechtspleging was ingegeven door de overtuiging dat een publieke rechtspraak, via echte rechtbanken, teveel corruptie, onkunde en criminaliteit had moeten blootleggen.

Raadpleeg dit boek bijgevolg enkel en alleen, wanneer nieuwsgierig gezocht wordt naar kennis, in geval de wetenschappelijke wijsheid van 'werking onbekend' een wrang gevoel van misleiding, (kinder-)misbruik of corruptie bezorgt.

Stijl en inhoud van deze geschriften worden als niet-wetenschappelijk weggehoond. Terecht immers, omdat een deontologische houding van mijn kant het establishment ontziet, die de 'onbekende werking' in deze materie wel als wetenschap heeft uitgeroepen.

Dit boek was er misschien nooit gekomen, ware het niet dat de orde van apothekers het nodig had gevonden mij bij verstek te veroordelen na een klacht van een anonieme derde.

Men kan er vanzelfsprekend van uitgaan dat de bedoelingen van de klager of klaagster om mij te treffen nobel of menslievend waren en alleen maar de bedoeling hadden om zogezegd de eer en de waardigheid van het beroep te redden.
Maar omdat kennis in de materie de voorrang verdient, leek het mij nuttig om erop te wijzen dat hebben van kennis nu eenmaal onverenigbaar lijkt in deze maatschappij waar de evidentie en de dogma's van de middelmaat heersen.

Bij het tot stand komen van dit werkje dank ik Teuni Kuiper, die het wel gekende chemisch werkingsmechanisme heeft getoetst aan de heersende literatuur en recente doctoraatsverhandelingen en daarmee bevestigde dat het wel willen kennen van de echte werking van psychotica het serotonine en(of) dopaminegebeuren tot het rijk van de verzinsels terug brengt.

Zolang het drogeren tot dwangmatig psychotisch medisch 'bruikbaar' zal blijven, zal de werking van psychotica commercieel en misschien ook wel wetenschappelijk, onbekend horen te blijven.
Immers, een nieuwe fabel ter verantwoording om harddrugs te mogen voorschrijven, komt er niet meteen.

Verder ook dank aan Frits van Brussel voor zijn oneindige kennis en documentatie-centrum en de tientallen, die verkiezen anoniem te willen blijven omdat het maat-schappelijk als onfatsoenlijk wordt aangezien sympathie te betonen voor een 'gehate' apotheker.

Dit is geplukt uit een forum in Nederland.

Re: Medicatie depressie
door xxxx 04 Apr 2012, 21:16
XXX, ik ga op geen enkele manier een medisch advies geven, maar sluit me van harte aan bij de voorgaande waarschuwingen. In Vlaanderen is een gehate apotheker, genaamd Fernand Haesbrouck. Niet onbegrensd, maar ik heb zeker vertrouwen in de man. Lees wat hij over Seroquel schrijft en vorm je eigen oordeel.

En ook uit Nederland komt dit berichtje:

Beste Fernand,
Nu met de goede plaatjes is het inderdaad zo klaar als een klontje dat Prozac en Strattera dezelfde metaboliet hebben. En inderdaad, als die plaatjes niet zouden kloppen, hadden ze allang gehakt van je gemaakt.
Dus als bewijs uit het ongerijmde: De plaatjes kloppen. En dus de gelijke werking. En dus is dat hele selectieve reuptake inhibitor-verhaal kletspraat. Wat een zootje.
Ik vond nog wel een interessant stuk bij Janne Larsson over de toelating van Prozac voor kinderen:
http://jannel.se/prozac.childrenEU.pdf
Ondanks de treurigheid van de hele zaak moest ik af en toe hard lachen om de stupi-de argumenten en de doorzichtige manier waarop Lilly die onderzoeken heeft gema-nipuleerd.

Ik draag dit allemaal op aan de drie schatten van vrouwen bij ons thuis, echtgenote Lieve en dochters Barbara en Jolien, die om begrijpelijke redenen nog meer dan ikzelf smachten naar de dag waarop de maatschappij eindelijk zal beseffen waarmee men nu bezig is.

Hier past wat A.Schopenhauer (1788-1860) zelf over 'de' waarheid heeft ervaren.

Elke waarheid doorloopt 3 stadia.
Eerst wordt ze belachelijk gemaakt.
Dan wordt ze hevig bestreden.
Tenslotte wordt ze vanzelfsprekend aangenomen.

Serotonine.

Hoewel de farmaceutische industrie jarenlang kans zag om de wereld om de tuin te leiden met de zogenaamde serotonine-hypothese voor depressie en daar dan de zogenaamde effectiviteit van de serotonine-heropname-remmers aan ophing, heeft die industrie nu zelf per ongeluk een einde gemaakt aan dit bedrog.

Depressie zou worden veroorzaakt door gebrek aan serotonine en door via SSRI's de heropname van serotonine bij de synaps te remmen, zou een grotere beschikbaarheid van serotonine ervoor zorgen dat de depressie verdween.

Eind 2004 verscheen er in het *Algemeen Dagblad* een klein berichtje dat de opmaat vormde voor het ontzenuwen van dit bedrog.
Dit is het bericht in zijn geheel[1].

[...] De neurotransmitter serotonine speelt een minder belangrijke rol bij psychiatrische aandoeningen zoals depressie dan wordt aangenomen, ook al werken serotonine-heropname-remmers antidepressief.
De arts Sascha Russo ontdekte dat de stof vooral een fysiologische rol heeft in het reageren op ongunstige omstandigheden. Russo ontrafelde het serotonerge systeem door onderzoek te doen bij mensen die geen psychiatrische aandoening hebben, maar bij wie de hoeveelheid serotonine in de hersenen wel is verstoord.
Veel van deze mensen lijden aan ontremming van hun agressieve impulsen; ze zijn vaak geïrriteerd en schelden dan op hun omgeving. Dit vermindert het sociaal functioneren in hun relatie en op het werk. Maar niemand van hen is depressief. Volgens Russo informeert het serotonerge systeem de hersenen over gunstige of ongunstige omstandigheden. Bij 'ongunstig' ontstaat agressief gedrag wat een grotere kans op overleven betekent. Dat is een normaal en gezond mechanisme. Antidepressiva hebben op het serotonerge systeem nauwelijks meer effect dan placebo's [...]

Zie ook de samenvatting van de thesis:
http://dissertations.ub.rug.nl/FILES/faculties/medicine/2004/s.russo/samenvat.pdf

Bij patiënten die Prozac of een andere SSRI kregen voorgeschreven liet een onderzoekende natuurarts een klinisch onderzoek verrichten naar de serotoninespiegels bij deze depressieve mensen. Zij liet bloed en urine (metabolieten-bepaling in urine) onderzoeken en moest tot de conclusie komen dat er geen 1 op 1 relatie te vinden was tussen depressie en verlaagde serotoninespiegels.
Mensen konden dus depressief zijn en toch hoge serotoninespiegels hebben.

---

1 http://www.apotheek.nl/Medische_informatie/Medicijnen/Producten/Medicijnen/Nieuws/Anticonceptie_/Ruzie_op_recept/De_pijn_blijft_/Serotonine_werkt_ontremmend.aspx?
mId=&rId=684
(Het origineel is niet meer raadpleegbaar op Algemeen Dagblad).

Omgekeerd ontdekte dr. Sascha Russo dat mensen wel een verlaagde serotoninespiegel konden hebben en toch niet depressief zijn. Dat zou toch al te denken moeten geven. Maar deze bevindingen waren nog steeds geen aanleiding om te twijfelen aan de juistheid van de serotoninehypothese en SSRI's werden nog steeds – en in steeds grotere mate – voorgeschreven.

Het vervelende is echter dat er aan die SSRI's nogal wat bijwerkingen kleven, zoals het ontstaan van psychoses en suïcidale neigingen, een verhoogd risico op beroerten, plotselinge dood bij kinderen en vroegtijdige dementie.

In 2009 verklaarden dr. Bijl (GEBU), prof Dehue en anderen al in een discussie in Medisch Contact dat er van SSRI's alleen bij zeer ernstige depressie – die normaal niet in de huisartsenpraktijk voorkomt – een klinisch significant effect is vastgesteld.

In de JAMA van 6-1-2010 werd de uitkomst gepubliceerd van een meta-analyse van placebo-gecontroleerde studies naar het effect van antidepressiva[1].

Die conclusie was:
[...] Het verschil in effect tussen medicatie en placebo nam toe naarmate de depressie ernstiger was aan het begin van de behandeling. Pas bij een aanvangs-HDRS-score van 25 (passend bij een ernstige depressie) zou het verschil klinisch significant zjn, volgens de criteria van de Natonal Institute for Clinical Excellence (NICE) in Groot-Brittannië. De conclusie van de auteurs is dat antidepressiva bij patiënten met milde of matige depressieve symptomen niet of nauwelijks beter werken dan een placebo [...]

Het eerder genoemde krantenbericht in het *Algemeen Dagblad* had betrekking op het promoveren van Sascha Russo op 10-11-2004 aan de Universiteit van Groningen (RUG), met het proefschrift *The tryptophan link to psychopathology*[2].

Op een e-mail naar de heer Russo – inmiddels werkzaam als psychiater - met het verzoek om een beschrijving van de manier waarop hij de serotoninewaarden had gemeten schreef hij onder meer het volgende:

[...] Het meten van serotonine is heel moeilijk en duur. Dit komt omdat het opgeslagen wordt in bloedplaatjes. Door het bloed te centrifugeren wordt eerst plaatjesrijk bloed gemaakt en dan wordt daar gaschromatografie op verricht [...]

Het is klaar dat bij mensen met depressieve klachten niet meteen zo'n onderzoek wordt verricht en dat er waarschijnlijk gewoon op goed geluk – zonder te weten of er wel echt sprake is van gebrek aan serotonine – SSRI's worden voorgeschreven.
Op die manier schrijft men dus een middel voor om een te lage beschikbaarheid van serotonine omhoog te brengen, terwijl men helemaal niet weet of er wel degelijk sprake is van een te lage serotoninespiegel!

---

1 http://jama.ama-assn.org/content/303/1/47.short

2 http://irs.ub.rug.nl/ppn/26924767X

Bovendien hebben we al gezien dat er sprake kan zijn van depressie bij een normale serotoninespiegel, terwijl gezonde mensen ook een te lage spiegel kunnen hebben. Dit voorschrijfgedrag van artsen en psychiaters lijkt dus te stoelen op onzin!!!

Op dezelfde dag als de reactie van Sascha Russo kwam via Reuters een interessante publicatie onder de titel *Study in mice shows why antidepressants often fail*, met:[1]

[...] Chicago (Reuters) – Antidepressants fail to help about half of the people who take them, and a study in mice may help explain why.
Most antidepressants – including the commonly used Prozac and Zoloft – work by increasing the amount of serotonin, a message-carying brain chemical made deep in the middle of the brain by cells known as raphe neurons.
Researchers at Columbia University Medical Center in New York said on Wednesday that genetically engineered mice that had too much of one type of serotonin receptor in this region of the brain were less likely to respond to antidepressants [...]

[...] "The most dramatic finding is that the mice that have high levels of receptors in these serotonin neurons do not respond to fluoxetine or Prozac", Hen said.
But when they reduced the number of these receptors – or molecular doorways – they were able to reverse the effect, he said.
"By simply tweaking the number of receptors down, we were able to transform a non-responder into a responder", Hen said [...]

Waaruit blijkt:
Bij veel serotoninereceptoren is er geen effect van SSRI's.
Bij weinig serotoninereceptoren is er wel effect van SSRI's.

In het boek *Psychofarmaca, hersenen onder invloed*, door Solomon H. Snyder, 1986/1989 – ISBN:9070157802 , staat op bladzijde 111 het volgende[2]:

[...] Uit recente studies komt het idee naar voren dat de potentiëring van amine-neurotransmitters pas na enige tijd resulteert in een bestendiger verandering in het functioneren van neuronen. De theorie is als volgt: stel dat een neuron met receptoren voor noradrenaline plotseling met grote hoeveelheden van deze transmitter in aanraking komt. De homeostatische mechanismen van het neuron zullen proberen de invloed van de grotere noradrenalinetoevoer te compenseren door veranderingen in de biochemische huishouding van de cel zelf op gang te brengen. Eén vorm van compensatie is om het bestaande aantal noradrenalinereceptoren van de cel omlaag te brengen. De aanmaak van deze receptoren vermindert en na tien tot dertig dagen zijn er dus minder dan aan het begin van de medicinale behandeling. Onderzoekers hebben gemeten hoeveel tijd zenuwcellen nodig hebben om hun metabolisme te veranderen en hun receptoraantallen te ver-

---

1 http://www.reuters.com/article/2010/01/13/antidepressants-brain-idUSN13229124202010 0113
2   http://search.ugent.be/meercat/x/all-view?q=library%3Adi07a&start=262&sort=-year&filter=&count=50

minderen, en de gevonden tijdsduur komt goed overeen met het interval tussen toediening van antidepressiva en het optreden van een merkbare verbetering.
Ook is gebleken dat het aantal serotonine- en noradrenalinereceptoren na langdurige behandeling met antidepressiva vermindert […].

Dus de dichtheid van receptoren zou gerelateerd zijn aan de hoogte van de spiegels van de stoffen die voor deze receptoren bedoeld zijn.

Het is bijgevolg niet zo onlogisch om te veronderstellen dat het lichaam via homeostatische mechanismen ervoor zorgt dat er bij een structureel lage serotonine-spiegel een groot aantal receptoren moet zorgen voor een toch zo optimaal mogelijk effect. En dat bij een structureel hoge serotoninespiegel een kleiner aantal serotoninereceptoren volstaat voor normaal functioneren van deze neurotransmitter.

We zouden de bovenstaande observatie nu als volgt kunnen uitbreiden:
Veel serotoninereceptoren betekent een lage serotoninespiegel en geen effect van SSRI's
Weinig serotoninereceptoren betekent een hoge serotoninespiegel en wel effect van SSRI's

Maar dat is nu juist in tegenspraak met de gangbare serotonine-hypothese die stelt dat de SSRI's nu juist werkzaam zijn door het verhogen van de beschikbaarheidsduur van serotonine bij te lage serotoninespiegels!

Er moet dus een heel ander mechanisme werkzaam zijn bij de effectiviteit van SSRI's bij zware depressie en het veroorzaken van psychoses bij mensen met een milde depressie. En dat is helemaal niet zo moeilijk te begrijpen als we de scheikundige kant van de kwestie eens nader bekijken.

Prozac is een phenylpropylamine en werkt daarom op dezelfde manier als amfetamine (phenylethylamine) en is dus eigenlijk een stimulans.
Wielrenners gebruiken Prozac als legale amfetaminedoping en dat doet denken aan het amfetamine-effect dat ook bekend is bij cocaïne.
Betreffende de effecten van cocaïne in relatie tot neurotransmitters staat in het boek *Het brein in kaart*, door Rita Carter 1998 – ISBN: 978-906825211-8 , op bladzijde 68 en 69 te lezen wat volgt.

(De adviezen bij de Nederlandstalige editie zijn afkomstig van prof.dr. J. Korf, met daarbij de bedenking dat in de tijd van uitgave van dit boek de serotoninehypothese voor depressie nog onverminderd geldig was)

[…] Cocaïne vergroot de hoeveelheid dopamine die beschikbaar is voor de cellen, door het mechanisme te blokkeren dat normaliter zorgt voor het wegwerken van een overschot aan dopamine. Het blokkeert ook de hernieuwde opname van serotonine en noradrenaline. De verhoging van de concentratie van deze drie neurotransmitters veroorzaakt de gevoelens van euforie (dopamine), vertrouwen (serotonine) en energie (noradrenaline) die met de drug zijn verbonden. […]

We zien dus dat in 1998 cocaïne al werd gerelateerd aan de werking van SSRI's.

En dat zet de hele kwestie ineens in een ander daglicht.
Dat zou ook de psychoses verklaren die door Prozac veroorzaakt worden. Het lijkt er dus op dat de effecten van Prozac afkomstig zijn van die amfetamine-werking en een omgekeerd evenredige relatie hebben met de spiegels van serotonine. Hoe zou dat te verklaren kunnen zijn?

Psychoses leiden tot het zoeken bij de verschillende psychedelica op bladzijde 187 van *Psychofarmaca*.
En dan zien we daar tryptaminen die qua structuur lijken op serotonine.

Op bladzijde 196 staat een beschrijving van de werking van psychedelica, waarbij ook de synthese van serotonine in beeld werd gebracht.

[…] tryptofaan > Tryptofaan-hydroxylase > 5-Hydroxytryptofaan > 5-Hydroxytryptofaan-decarboxylase > 5-hydroxytryptamine (=serotonine).

Het blijkt dus dat de aanmaak van serotonine – via enkele enzymatische stappen – volledig afhankelijk is van de beschikbare hoeveelheid tryptofaan.
Veel tryptofaan zal leiden tot een hoge serotoninespiegel (als de enzymatische stappen goed verlopen).
Weinig tryptofaan zal leiden tot een lage serotoninespiegel.

Omdat de SSRI's hun grootste effect hadden bij hoge serotoninespiegels, zal dat effect dus ook afhankelijk zijn van hoge tryptofaanspiegels.

Als we de SSRI's beschouwen als amfetamine of cocaïneproducten, dan wordt de schijnbare tegenstrijdigheid duidelijk dat deze SSRI's juist effect sorteren bij hoge serotoninespiegels.

Over de rol van het serotoninesysteem bij depressies schreef psychiater Sascha Russo in 2004 aan het slot van de samenvatting van zijn dissertatie:

[…] Er is waarschijnlijk geen rol van dit systeem bij een specifieke aandoening. Dit past bij recente onderzoeken die weinig meer effect vinden van antidepressiva die op het serotonerge systeem inwerken ten opzichte van placebo's […]

Dit doet vermoeden dat vanaf dat moment de medisch/psychiatrische wereld op de hoogte was van het feit dat de serotonine-hypothese zijn geldigheid had verloren.

En als men in 2004 goed had nagedacht en eventjes dezelfde – reeds bestaande – literatuur had geraadpleegd dan had de heer Russo toen al dezelfde conclusie kunnen trekken als deze redenering nu.

Want zelfs zonder het recent beschreven muizenexperiment was dit zonder twijfel ook gelukt.
Prof.dr. J Korf – die optrad als adviseur voor de Nederlandse uitgave van het boek "Het brein in kaart" door Rita Carter – was namelijk één van de drie promotors bij de promotie van Sascha Russo!

En als zodanig had die prof.dr. Korf de promovendus Sascha Russo bij diens bevindingen - dat serotoninegebrek niet recht evenredig was gerelateerd aan depressie – weleens op het been kunnen zetten dat er misschien wel een heel ander mechanisme in het spel kon zijn, bijvoorbeeld dat van cocaïne, zoals door Rita Carter al was beschreven.

Terwijl prof.dr. Korf dat liever verzweeg omdat tussen 1998 en 2004 de macht van de farmaceutische industrie nog veel groter was geworden en nog grimmiger vormen had aangenomen.

Reuptake.

Sommigen duizelen van het moeilijke reuptake-verhaal.

Besef dat het hele verhaal van de serotonine-hypothese van begin tot eind verzonnen is en wel op zodanige wijze dat de op de universiteit gebruikte boeken ook gewoon verzonnen plaatjes en beschrijvingen bevatten.

Dat betekent dat toen deze verzonnen theorie eenmaal in het curriculum was opgenomen, ze meteen ook voortaan beschouwd werd als een vaststaand gegeven waaraan niet meer te tornen viel en waarover ook nooit meer nagedacht hoefde te worden. Het was gewoon 1 van de peilers geworden waarop de psychofarmacologie rustte.
(Zoiets als: er is bewezen dat de aarde een kubus is en daar hoeven we nu nooit meer over na te denken en alles wat er niet mee overeenkomt, is gewoon gezichtsbedrog).

In die boeken staan erg mooi gekleurde plaatjes, die uitbeelden hoe dat verzonnen mechanisme werkt.
En die plaatjes zijn zo mooi dat iedereen erin trapt.
Toen werd er boeiend college over gegeven en je komt toch niet op het idee dat je naar een universiteit stapt om daar belogen te worden.

Dus wat staat er op Wikipedia?

Als je zoekt op '**Synaps**', dan krijg je een beschrijving van de synapsspleet met rechts daarnaast een gekleurd plaatje. In het axon gedeelte worden in de witte rondjes (synaptic vesicles) serotoninemoleculen bewaard. Die serotoninemoleculen worden dan door die axon op zeker moment gebruikt als brandstof om de elektrische prikkel te genereren tussen twee neuronen, via de vrije ruimte tussen axon en dendriet. Dat gebiedje noemt men de synaptische spleet.
(Axon en dendriet zijn te zien als de staart en de kop van een zenuwvezel).

In die axon wordt - bij voldoende beschikbaarheid van tryptofaan - aan de lopende band serotonine aangemaakt.(overdag meer dan 's nachts). Als de serotonine zijn werk heeft gedaan wordt het afgebroken en dan kun je de metabolieten ervan in de urine terugvinden.

En nu begint het bedrieglijke sprookje.

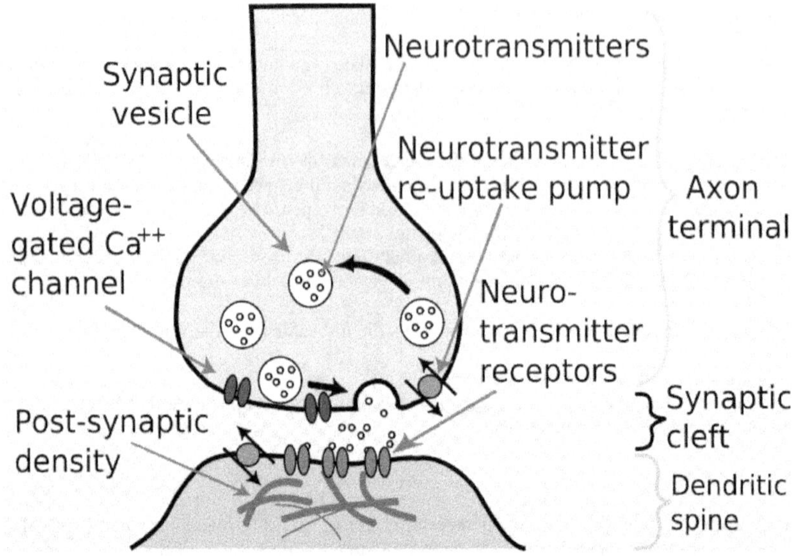

Rechts onderaan die axon zie je een rondje, waarbij staat vermeld dat het een 'neurotransmitter reuptake pump' is. Dat is een verzonnen item.

Serotonine zit in de axon, dient als brandstof en verdwijnt daarna, terwijl er normaliter steeds opnieuw aangemaakt wordt.

Er is helemaal geen sprake van dat de serotonine weer terugkeert naar de axon. Dan zou je namelijk ook geen metabolieten van afgebroken serotonine in de urine aantreffen, zoals wel het geval is.

Aan die verzonnen reuptake-pump kent men nu de verzonnen eigenschap toe dat die te blokkeren zou zijn, waardoor hij niet of nauwelijks meer werkt, waardoor er constant een grotere hoeveelheid serotonine beschikbaar zou blijven.

Als dat waar was, dan zou je aan een eenmalige hoeveelheid start-tryptofaan in principe genoeg hebben om het circulair serotoninesysteem draaiend te kunnen houden.

Een maaltijd in ongeveer drie weken zou daarbij al kunnen volstaan.

Maar dat is niet het geval, want de constant aangevoerde hoeveelheid tryptofaan is gerelateerd aan de serotoninespiegel.

Door de creatief verzonnen en geconstrueerde aanloop van dit sprookje kon de industrie vervolgens de verzonnen claim doen dat ze een stofje hebben gemaakt dat in staat is om - **selectief!!!** - die heropnamepomp voor serotonine in de axon te blokkeren waardoor er steeds een grote hoeveelheid serotonine aanwezig kan zijn en circuleren via de synaptische spleet.

Zowel de heropnamepomp voor serotonine als de mogelijkheid om die pomp te blokkeren door dat bijzondere stofje (SSRI) zijn verzonnen.

Maar ondanks dat diverse onderzoeksuitkomsten allang aantonen dat de aarde rond is, blijft de industrie en de door hen - via de gesponsorde universiteiten – al belazerde medische wereld gewoon volhouden dat hij toch echt vierkant (kubusvormig) is.

Nog even zoeken bij **'Reuptake'**, dan kom je terecht bij 'selectieve serotonine-heropnameremmer.
Daar staat op bladzijde 2 het werkingsmechanisme in 4 stappen beschreven.

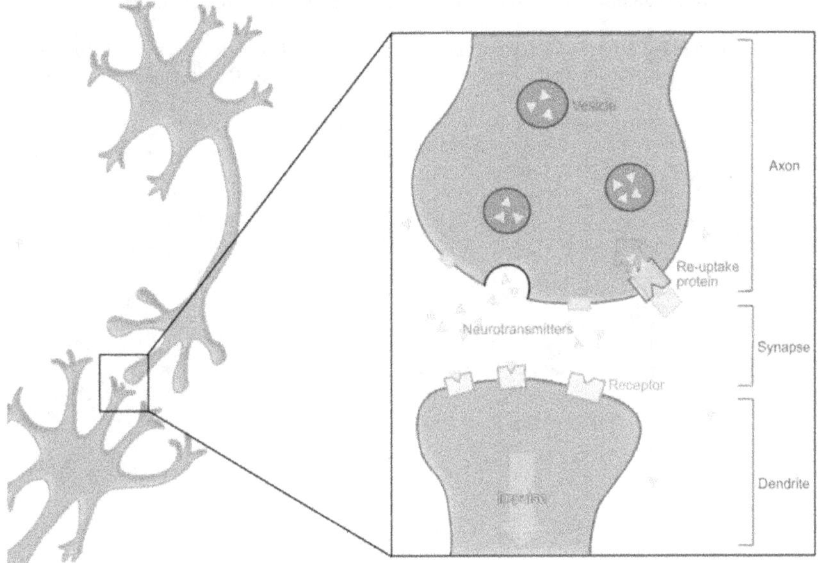

Dit is pure kolder.

Als de postsynaptische receptoren ongevoelig zouden worden voor serotonine, dan zou de functie van dit systeem wegvallen, namelijk het doorgeven van signalen bij de gratie van de beschikbaarheid van serotonine plus de gevoeligheid van voldoende receptoren voor deze serotonine.

Bij een normale gevoeligheid van deze receptoren geldt dat er bij meer serotonine minder receptoren nodig zijn om de signalen over te dragen.

Bij minder serotonine ontstaan er meer receptoren om de kans groter te maken dat er voldoende serotonine wordt 'ingevangen' door die receptoren om toch een voldoende sterke signaaloverdracht te krijgen.
Het geknoei in deze 4 punten bewijst wel hoe moeilijk het is om een leugen consequent vol te houden. Dit geknoei ligt dus helemaal in lijn met het verhaal naar aanleiding van de serotonineniveaus (receptor-dichtheid) bij die muizen.

Vandaar, begrijpelijk dat serotonine aan de lopende band wordt aangemaakt met behulp van dagelijks aangevoerd tryptofaan uit voedsel en dat het na aanmaak slechts 1 maal wordt gebruikt om een signaal over te brengen van de presynaptische kant van een zenuw naar de postsynaptische kant van een andere zenuw.

Immers, de neurotransmitter levert de energie, die nodig is voor de overdracht van de elektrische prikkel en is die serotonine, na de prikkel, energetisch zelfs onbruikbaar geworden.
Terwijl in dezelfde zenuw voortdurend ook weer nieuwe serotonine terecht komt.

Het is dus inderdaad zo dat na deze ontmaskering van de SSRI's de leerboeken allemaal zullen moeten worden herschreven betreffende het onderwerp serotonine (en dopamine en noradrenaline).

Reuptake: in 1987 verzonnen. In 2010 ont-maskerd.

Hierbij de verwijzing[1] naar een (oude?) tekst over synapsen en neuronen en hun werking.
In deze tekst is nergens een neurotransmitter reuptake-pomp vinden.

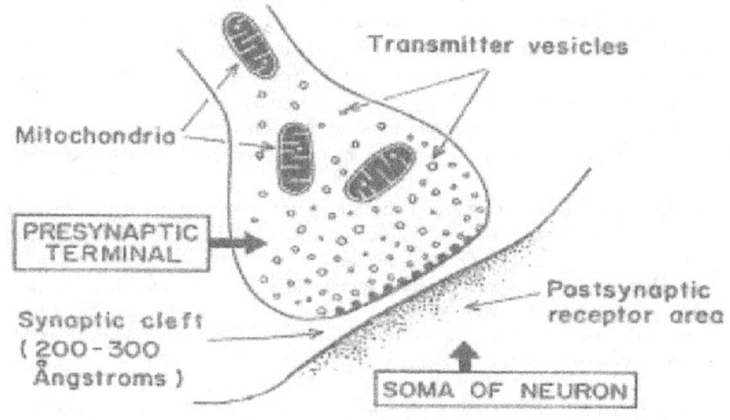

Figure 46–6.   Physiologic anatomy of the synapse.

---

1 http://www.adhdfraude.net/pdf/ch46organisationofthenervoussystem.pdf

Zouden we hierover niet een vraag kunnen stellen aan prof. Dehue, want die doceert ook 'wetenschapsgeschiedenis van de psychologie' en daar passen deze verschillende opvattingen goed in.

In de opeenvolging van alle theorieën betreffende o.a. neurotransmittersystemen enz. bleef men natuurlijk steken bij de serotonine-heropname-remmers, met plaatjes waarin die heropname-pomp werd getekend. Verder terug ging kennelijk niet.

Dat die pomp er in - en voor - 1987 nog niet inzat werd niet vermeld.

Maar ja, volgens het boek 'de depressie-epidemie'[1] kregen depressieven tussen 1945 en begin van de jaren 1970 nog gewoon amfetaminen en daar had je geen pomp bij nodig.

En toen gebeurde er een evolutionair wonder waar Darwin zich voor uit zijn graf gehesen zou hebben om het bij te mogen wonen, als hij er van af had geweten.

Toen paste de menselijke soort zich opeens en masse aan aan veranderende omstandigheden - namelijk de uitvinding van de reuptake-inhibitors - en ontstond uit het niets een reuptake-pump.

Het wonderlijke was dat de mens gewoon alleen maar een tekenpen hoefde te nemen en dat ding op een tekeningetje erbij te kletsen en oeps........iedereen had er ineens zo'n pompje bij.

Zelfs de creativiteit van de schepper verbleekte hierbij.

En wat zo leuk was, sinds dat pompje ineens erin evolueerde, transmuteerden ook ineens de amfetamines tot serotonine-heropname-remmers.

We beleven waarlijk de mooiste tijd van ons leven: getuige te mogen zijn van deze 'wonderen', dat is echt iets voor bevoorrechten.

Hoe zou het komen dat er in 1976 nog geen pompje in het systeem zat en in de jaren '80 ineens wel?

En in 1976 beschikte men toch ook al wel over behoorlijke microscopen.

---

1   Dehue T. De depressie-epidemie.
    Amsterdam: Augustus, 2008, ISBN 978 90 4570 095

Van amfetamine naar SSRI.

Voordat Prozac in 1987 als nieuwe amfetaminedoping (phenylpropylamine ipv. phenylethylamine) in de handel kwam, was doping nog gewone doping, daarom verboden en daarom ook onder een opiumwetgeving.
Met het commercialiseren van deze nieuwe klasse, wou men niet het risico lopen op een negatief (doping)imago en nog minder op een vervelende opiumreglementering, vandaar dat de actieve dopingmetaboliet via een instabiele zuurstofbrug aan een 'inerte' stof als masker werd gekoppeld.

En toen werd de meest geniale commerciële leugen van de laatste twintig jaren bedacht.

De nieuwe doping kreeg een positief gelaat, het gelaat van de wondere medicatie, die tekorten, waaraan veel zieken (zie ook het off-label gebruik) kunnen lijden, zodanig kan recycleren (reuptake), dat het dopingeffect zowaar echt de schijn kreeg van een miraculeuze genezing. Iedereen geloofde het reuptakeverhaal al moest men in de handboeken over de fysiologie van het neuron met de hand het heropnamemechanisme bijtekenen op de afbeeldingen van de opnames die met de elektronenmicroscoop werden gemaakt.

Handboeken van voor 1987 kenden toen niet eens heropname-deeltjes.
In feite is dat 'raadsel' van het bijtekenen niet zo moeilijk op te lossen als we de moeite nemen om de literatuur er op na te slaan.
Ziehier een stukje van de bladzijden 109 en 110 van Psychofarmaca door Solomon Snyder uit 1986/1988 (Ned, vertaling).

[…] In Zweden bedacht Marie Asberg een manier om afwijkingen in de serotoninehuishouding van levende mensen vast te stellen. Ze nam monsters cerebrospinale vloeistof van depressieve patiënten en onderzocht deze op één van de afbraakproducten van serotonine. Deze meting leverde zelfs een betere maat op voor de afgifte van serotonine dan de eigenlijke serotonineconcentratie zelf, omdat bij sneller vurende serotonineneuronen de afgegeven serotonine direct wordt afgebroken en het verhoogde verbruik alleen in de toegenomen hoeveelheid stofwisselingsproducten terug is te vinden. Het serotoninegehalte in de neuronen zelf loopt niet terug omdat homeostatische mechanismen ervoor zorgen dat er telkens nieuw serotonine wordt aangemaakt. In hoofdstuk 3 zagen we hoe het dopaminepeil op vergelijkbare wijze constant wordt gehouden. […]

Grappig is de constatering dat er ondanks het toevoegen van die heropnamepomp voor serotonine in de tweede druk toch elders in de tekst nog die opmerking is blijven bestaan dat de afgegeven serotonine direct wordt afgebroken!
Achteraf leugens invoegen, wordt altijd wel ergens door verraden.
Zelfs op vandaag kan niemand dat reuptake mechanisme wetenschappelijk bevestigen.
Dit verhaal heeft alleen gediend om gedurende meer dan twintig jaar vermeende zieken te drogeren met psychotica, zodat bij chronisch gebruik ervan (een ingestelde toxicomanie) bipolair diende gecorrigeerd te worden door ze chemisch te laten balanceren op de psychotica en de antipsychotica.

Meer dan twintig jaar lang verrijkte healthcare zich met de waan, dat men sukkelaars voor hun gezondheid behandelt met veilige medicatie, terwijl die sukkelaars eigenlijk een toxicomanie met psychotica aangesmeerd kregen en daar bovendien ook nog aan verslaafd zijn geraakt.

Vandaag is nog steeds niet duidelijk waarom artsen geen tekorten aan harddrugs meten, vooraleer men een toxicomanie met deze gevaarlijke en verslavende stoffen opstart.
Wel schijnt het ontstane dwangmatig psychotisch gedrag door een behandeling, een soort rustgevend effect te veroorzaken bij zowel de omgeving als de patiënten en het controleverlies over het gedrag wordt verklaard als een comorbiditeit.
Een medisch dogma waarover geen discussie mogelijk is.

Waarom blijven universiteiten en medische beroepen zwijgen over deze leugen?
Overheden vervalsen jaarlijkse verbruiksgegevens van de psychotica die aan kinderen worden toegediend om geen maatregelen te hoeven nemen.
Artsen worden opgeleid om, bij sterfgevallen door chronisch te drogeren, niet eens een pulmonaire hypertensie te herkennen, omdat de veilige waan van de psychotica niet in gevaar mag komen.
Artsen beseffen zelfs niet eens dat men bij ADHD een chronische vasoconstrictie doet ontstaan, die bij hersencellen in volle groei de broodnodige zuurstofaanvoer verhindert, zodat op termijn een dementie kan ontstaan.
Hetzelfde wanneer deze harddrugs ook bij depressies chronisch de bloedvaten doen dichtklappen.

En dan hebben we het nog niet over het dichtklappen rond het hart.
Pulmonaire hypertensies met de amfetamine-hongerpreparaten zorgden ervoor dat in de jaren negentig, die amfetamines uit de handel werden gehaald.

De cocaïnes (methylphenidaat, Champix, Trazolan, Seroxat) en het nieuwe amfetaminepatroon van de SSRI's, doen het op net dezelfde manier en in Amsterdam (23/12/2009) werd al een departement opgericht om jonge dementen te behandelen.
Die jonge dementen zijn ziek aan wat men een 'vasculaire' Alzheimer heeft genoemd, de Alzheimer die ontstaat door de gekende amyloïdeplakken, die in feite niets anders zijn dan de afgestorven hersencellen, die kapot gemaakt werden, doordat de chronische vasoconstrictie bij ADHD-medicatie en SSRI's ervoor zorgde dat de broodnodige zuurstoftoevoer voor hen afgesloten is gebleven.
Vanaf nu zal healthcare opnieuw heel rijk worden, met dure vaccinaties tegen die nieuwe Alzheimer, om zogezegd via het boosten van het immuunsysteem met genanoniseerde peptiden, de troep van kapotte hersencellen, die de eiwitplakken zijn, te proberen op te ruimen uit de hersenpan.

Maar wie garandeert, dat die genanoniseerde peptiden-patronen niet ook op het menselijk DNA zullen inwerken om testen uit te voeren, waarover niemand eigenlijk mag en kan spreken?
Iets zoals de wereldwijde tests met genanoniseerde squaleen, waarvoor de komedie van een voorbije griep-pandemie als oogverblinding werd opgevoerd.
Waar blijven de wetenschappers, die aan universiteiten promoveren met dat soort van wetenschappelijke informatie?
Bang dat een succesvolle carrière zal gekraakt worden?

SSRI: Scenic Shit Recycling Industry.

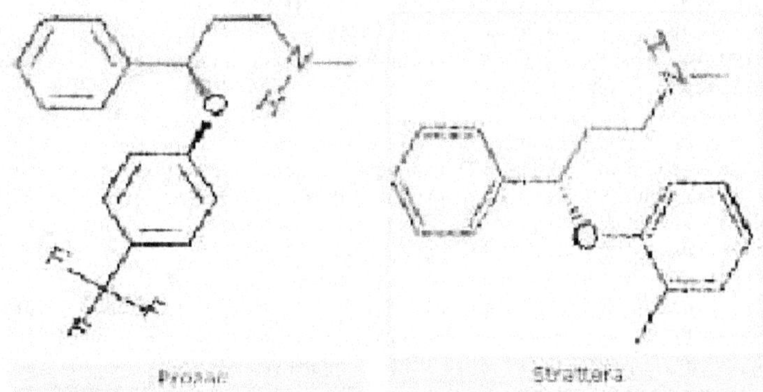

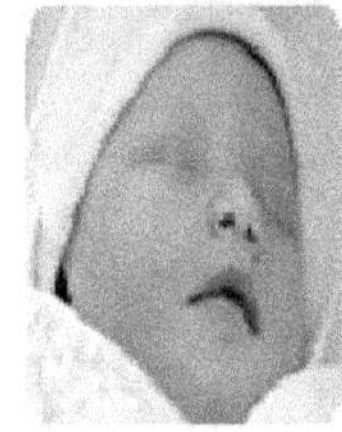

Thursday, January 12, 2012 by: S. L. Baker, features writer

Obstetrics & Gynecology:
July 2011 - Volume 118 - Issue 1 - pp 111-120
doi: 10.1097/AOG.0b013e318220edcc
Original Research

Selective Serotonin Reuptake Inhibitors and Risk for Major Congenital Anomalies

Healthcare drogeert voortaan ook ongeboren kinderen in de 'veilige' baarmoeder.
Evidence based medicine is de commerciële poot waarop healthcare steunt. En die poot lijdt aan het FIF-syndroom[1].
Negatieve evidenties bestaan medisch niet, alleen de positieve zijn therapeutisch en lucratief waardevol.

---

1 Fuck Inconvenient Facts.

De metaboliet van Strattera 18mg. is chemisch en farmacologisch precies identiek aan de metaboliet van Prozac 20mg.
Strattera is bijgevolg een vermomde of een gerecycleerde Prozac.
Het deel onderaan de molecule wordt meteen na inname afgescheiden van het bovenste, dat als een nieuw amfetaminepatroon bij Prozac aan een DDD van 20mg/70kg alleen maar drogeert en bij een DDD van 80mg:70kg (bij ADHD en Strattera) drogeert tot dwangmatig psychotisch (of robotmatig dociel, zoals men verkiest).

En waarom zouden Prozac of Strattera nu ineens ook 'Shit' zijn?
Niet alleen omdat de oorspronkelijke SSRI-naam elke betekenis heeft verloren - reuptake van wat dan ook bestaat simpelweg niet - maar omdat healthcare, zelf FIF-ziek zijnde, aan de bevolking een nieuwe amfetamine-doping wou aansmeren, zonder daarbij te hoeven wijzen op de negatieve evidenties (lees: gevaren) van het dopinggebruik.

Chemisch zijn de meeste nieuwe antidepressiva varianten op het phenylpropylamine-patroon, terwijl sommigen (Wellbutrin, Zyban, Efexor) bovendien zelfs zuivere amfetamines (phenylethylamine-patroon) zijn, die men als 'veilige' medicatie durft verkopen.
Zonder een opiumreglementering dan nog!
25Jaar lang heeft men deze komedie voor de wereld kunnen verborgen houden. Al die tijd is men erin geslaagd om de slogan 'werking onbekend' als officiële medische wetenschap in stand te houden.
Serotonine-of dopaminefabels verdrongen de echte werking.
Omdat die doping nieuwe aandoeningen doet ontstaan, wordt die door het medisch establishment gekoesterd als het opperste goed.
Depressies, schizofrenie, dementie, hartafwijkingen en zelfs een epidemie van agressie en schuttersfestijnen voeden het vakgebied van de geleerden die sprookjes belijden van een industrie die op een weelderig gekleurde wijze gevaarlijk gif aan de man brengt.

Recycling Industry: het politiek parcours.

In 1987 zagen phenylpropylamines het daglicht, als nieuwe amfetamines en psychotica.
Prozac, tot een niet-stimulans uitgeroepen, omwille van het reuptake-sprookje, veroverde een wereld vol van droefheid.
Strattera (atomoxetine) met dezelfde actieve metaboliet als die van Prozac (fluoxetine) bleef in de rekken, omwille van een te grote levertoxiciteit.

Het sprookje verrichtte wonderen, immers precies dezelfde metaboliet in beide stoffen bleek in Prozac selectief de daartoe uitgevonden reuptake van serotonine te genezen en bij Strattera, ook selectief, de reuptake van noradrenaline om iets te gaan uitrichten met vermeende dopaminestoornissen.
Commerciële successen omwille van hun amfetaminewerking en het nog steeds 'niet-stimulans'-etiket, zelfs al is de fabel van de reuptake inmiddels doorprikt.

06-08-2002:
"De Nederlandse Reclame Code Commissie stelt dat de Nederlandse Hersenstichting moet ophouden met in advertenties te beweren dat de psychiatrische diagnose van ADHD neerkomt op een neurobiologische ziekte of een hersendisfunctie"."De Hersenstichting Nederland mag in advertenties niet langer beweren dat ADHD (Attention Deficit Hyperactivity Disorder) een erfelijke of aangeboren hersenaandoening is, omdat ze deze stelling niet kunnen onderbouwen met wetenschappelijke feiten[1].

2003: Gebruik van antidepressiva door kinderen toch schadelijk [2].
Het gebruik van antidepressiva door kinderen zal binnenkort aan banden gelegd worden nu onderzoek naar de effecten van antidepressiva voor kinderen negatieve uitkomsten heeft aangetoond.

Januari 2003: Strattera komt in de VS in de handel.

2004: Zitstil organiseert samen met Rudy Demotte (PS) en het bedrijf dat Rilatine verkoopt een combine waarbij het vergoeden door de ziekteverzekering van de verdrievoudigde prijs een lucratieve partijfinanciering tot stand brengt voor de Waalse PS.

Sinds dat jaar 2004 staat een ban op de officiële verbruikscijfers, die door de farmaceutische inspectie worden bijgehouden en geeft Volksgezondheid vervalste cijfers door aan de Hoge Gezondheidsraad, die daarmee in 2011 een sussend veiligheidsadvies diende te geven.

7 januari 2005: omzendbrief nr.453 van Rudy Demotte.
'GEEN SSRI's voorschrijven aan kinderen[3]'.

Later in 2005: CBG: "Lage doseringen methylphenidaat verergeren ADHD symptomen".

---

1 http://www.volkskrant.nl/vk/nl/2844/Archief/article/detail/620987/2002/09/03/Reclamespot-ADHD-aangepast.dhtml
2 http://www.pedagogiek.net/content/artikel.php?contentID=853
3 http://www.fagg-afmps.be/nl/binaries/ozb-453-2005-01-07_tcm290-27431.pdf

Waarmee een ADHD-epidemie tot stand kan komen, zodat hoger doseren nodig is om tot dwangmatig psychotisch therapeutisch te kunnen behandelen.

Ook 2005: Zitstil:
Door de lange wachtlijsten duurt het soms een hele tijd voor een degelijke diagnose kan worden gesteld en dan durft de arts wel eens Rilatine voorschrijven om snel een diagnose te kunnen maken", vertelt Rita Bollaert van de vzw ZitStil, "als het werkt is het ADHD, als het niet werkt iets anders."

28 september 2005: Het British National Health Service Institute for Health and Clinical Excellence, publiceert een rapport met praktische adviezen voor de zorg voor depressieve kinderen en jongeren.
Er worden ook klinische richtlijnen gegeven voor de behandeling van "Depressies bij kinderen en jongeren".
Regelmatig bewegen, slapen en een gebalanceerd dieet worden omschreven als de eerste niveaus van therapie.
Er wordt tevens gesteld, dat antidepressiva niet moeten worden voorgeschreven bij een eerste behandeling van kinderen en jongeren met een lichte depressie.

29 september 2005:
FDA geeft opdracht om waarschuwingsstickers te plaatsen op [de verpakking van] een veel voorgeschreven ADHD middel, nadat klinische onderzoeken het middel in verband hadden gebracht met zelfmoordgedachten en zelfmoordpogingen.
FDA geeft aan dat de nieuwe waarschuwing voortkomt uit een nog niet afgerond onderzoek naar alle ADHD middelen en hun mogelijke verband met zelfmoord.

30 september 2005:
In een historisch rapport geeft het Comité voor de Rechten van het Kind van de Verenigde Naties, de hoogste autoriteit in de wereld op het gebied van rechten voor kinderen, een stevige waarschuwing af tegen het onterecht diagnosticeren van kinderen met de psychiatrische diagnose "Attention Deficit Hyperactivity Disorder (ADHD)" en het toedienen van ADHD-medicatie.
In de conclusies van rapporten betreffende naleving van de Conventie van de Verenigde Naties voor de Rechten van het Kind, door Australië, Finland en Denemarken, spreekt het Comité haar bezorgdheid uit over het "ten onrechte stellen van ADHD en Attention Deficit Disorder (ADD) diagnoses, waardoor psychostimulerende middelen te vaak worden voorgeschreven, ondanks het toenemend bewijs dat deze middelen schadelijke effecten hebben.

Eind 2005: Strattera komt in Nederland op de markt.
2006: Strattera komt in België op de markt.

25 juni 2006 :
BRUSSEL – Het drugsgebruik en aantal drugsdoden in de EU zijn momenteel op een recordhoogte.
De trends vertonen amper tekenen van vermindering.
Elke maand gebruiken ongeveer 1,5 miljoen Europeanen cocaïne.

Cannabis telt twaalf miljoen gebruikers waarvan drie miljoen bijna dagelijks.

De Eurocommissaris Franco Frattini (Justitie) vraagt burgers en organisaties voor eind september hun inzichten te geven voor de aanpak van drugs. Ook junks en benadeelden kunnen reageren.

De Europese Commissie en het Europese monitoringscentrum voor drugs en drugsverslaving (EMCDDA) gebruiken de reacties voor hun toekomstig beleid.

Noteer dat methylphenidaat (Rilatine, Concerta) op gewichtsbasis 30% actiever is dan zuivere cocaïne.

En dezelfde week: namelijk amper 18 maanden na dit.

FOD Volksgezondheid, Veiligheid van de Voedselketen en Leefmilieu

Directoraat-generaal Geneesmiddelen

Amazone
Bischoffsheimlaan 33
B-1000 BRUSSEL

Nationaal Centrum voor Geneesmiddelenbewaking

Uw brief van:
Uw kenmerk:

Ons kenmerk: DGG/KB
Datum: 0 2. 01. 2005

Ministeriële omzendbrief nr. 453
T.a.v. de huisartsen, pediaters,
psychiaters en
kinderpsychiaters

Bijlage(n):

Telefoon Onthaal: 02/227.55.00
Fax : 02/227.55.55

Betreft: Omzendbrief betreffende de besluiten van de buitengewone vergadering van het Comité voor geneesmiddelen voor humaan gebruik (CHMP) inzake paroxetine en de andere SSRIs (selectieve serotonine-heropnameremmers)

Geachte Dokter,
Mevrouw, Mijnheer,

Ik wens u in te lichten over de besluiten van de buitengewone vergadering van het Comité voor Geneesmiddelen voor humaan gebruik (CHMP) van het Europees Agentschap voor Geneesmiddelen (EMEA) van 8 december 2004 inzake paroxetine en andere SSRIs.

Tijdens deze vergadering heeft het CHMP, op verzoek van de Europese Commissie en op basis van bijkomende informatie uit nieuwe observationele studies haar standpunt over paroxetine van 22 april 2004 opnieuw geëvalueerd.

Na beoordeling van deze bijkomende informatie bevestigt het CHMP haar initieel besluit dat de risico-batenverhouding van paroxetine voor de behandeling van volwassenen gunstig blijft.

Het Comité bevestigt ook haar vorig standpunt dat wijzigingen in de Samenvatting van de Kenmerken van het Product (SKP) en in de bijsluiter dienen doorgevoerd te worden, in het bijzonder inzake waarschuwingen voor zelfmoordgerelateerd gedrag bij kinderen en adolescenten.

Achtjarig Europeaantje mag al aan de Prozac.

LONDEN (ANP) –

Het bekende antidepressiemiddel Prozac mag voortaan binnen de Europese Unie worden voorgeschreven aan kinderen vanaf acht jaar. Dat heeft het EU-agentschap voor medicijnen, EMEA in Londen, bepaald.

De verstrekking aan Europeaantjes is wel aan voorwaarden gebonden. De kinderen moeten onder meer aan een matige tot zware depressie lijden en het gebruik moet plaatshebben binnen een gecontroleerde therapie. De grens lag tot dusver bij achttien jaar.
Het agentschap heeft bepaald dat de voordelen van de verstrekking van Prozac aan jonge kinderen opwegen tegen de nadelen. De werkzame stof in Prozac zou volgens sommige studies zelfmoordgedachten bij kinderen kunnen versterken.
Volgens het EMEA is het evenwel met nauwgezet toezicht en beperkte doseringen acceptabel en verdedigbaar om kinderen vanaf acht jaar Prozac te geven.

In 2004 nog maande Europa de regeringen aan om bij dokters aan te dringen GEEN SSRI's voor te schrijven aan jongeren en adolescenten.

Nu men het Prozacproduct Strattera in de handel bracht om jonge kinderen aan die drug te helpen, gaat men daarvoor een uitzondering maken.

Prozac en Strattera zouden minder gevaarlijk zijn dan de rest van de phenylpropylamines, die chemisch eigenlijk amfetaminedoping en psychotica zijn, met het nieuwe amfetaminepatroon.

Noteer dat 18 mg. Strattera farmacologisch identiek werkt als 20 mg. Prozac.
Beide stoffen hebben precies dezelfde actieve metaboliet, terwijl door het moleculair gewicht, die metaboliet bij Strattera iets actiever is.

Waarop het editoriaal van THE LANCET heel verbaasd aldus reageerde :[1]
Clinical trials in children, for children.
A case in point is the treatment of depression in childhood. In 2004, after concerns about an increased risk of self-harm among children treated with antidepressants, the European Medicines Agency (EMEA) stated that selective serotonin-reuptake inhibitors (SSRIs) were not fully authorised for treating depression in children and adolescents. Then on June 8, 2006, EMEA approved the SSRI fluoxetine for use in children aged 8 years and older with moderate-to-severe depression unresponsive to psychological therapy. The decision is in line with the FDA, which extended the licence to 7-year-olds in 2003, and echoes findings from the Treatment of Adolescents with Depression Study. Yet, as Wayne Hall's Comment in today's Lancet illustrates, concerns about suicide risk still have not been dispelled. The apparent contradiction has left many families bewildered.

The surest way to compromise public confidence in paediatric research is to see the EU and FDA incentives as opportunities for marketing rather than research.

De EU-commissie (na EMEA, eerder) laat toe dat voortaan Prozac wordt voorgeschreven aan kinderen vanaf acht jaar.
Ik citeer:
"Depressies en mentale aandoeningen komen bij kinderen en tieners vaker voor dan gedacht.Volgens studies lijdt één op de tien kinderen aan een mentale ziekte. Andere studies wijzen uit dat een combinatie van psychotherapie en antidepressiva goede resultaten oplevert, maar dat antidepressiva ook een verhoogd risico op zelfmoord inhouden.

---

1   The Lancet2006;367:1953DOI:10.1016/S0140-6736(06)68854-5

Daarom pleitte het Europees bureau voor geneesmiddelenbeoordeling voor een reeks voorwaarden.

De EU-commissie zal de fabrikant Eli Lilly verplichten ze in de bijsluiter op te nemen. De patiëntjes moeten voordien al therapie hebben gevolgd en daarop onvoldoende reageren vooraleer ze Prozac te laten slikken. En ze moeten zeer intensief en professioneel worden begeleid." (fds)

2008:

Er komt een verzoek bij de Nederlandse bestuursrechtbank, om de Strattera-geheimen openbaar te maken, in het kader van een openheid van bestuur.

Maar wie verdedigt de belangen van Lilly bij die rechtbank?

Het CBG (Nederlands College ter Beoordeling van Geneesmiddelen).

Het (vermeende) onafhankelijk staatsorgaan, dat moet waken over de veiligheid van wat als medicatie in de handel kan komen.

Op de zitting (9 juni 2008) dreigde de raadsman van CBG en de Staat zelfs dat het tot een diplomatiek incident met Engeland (waar EMEA zit) zou komen als de rechtbank zou besluiten tot bekendmaking van die geheimen.

Zelfs na de beslissing waarbij die geheimen openbaar moesten, trok CBG in een eerste instantie naar de Raad van State om die beslissing te laten verbreken.

Men zag vlug in, dat hiermee een brug te ver was gegaan en trok het beroep weer in, waarop Lilly dan zelf op eigen kracht verder aan het procederen was gegaan.

Die geheimen bleven verborgen en zijn pas begin januari 2010 gedeeltelijk, weliswaar, vrijgegeven.

1 januari 2010:

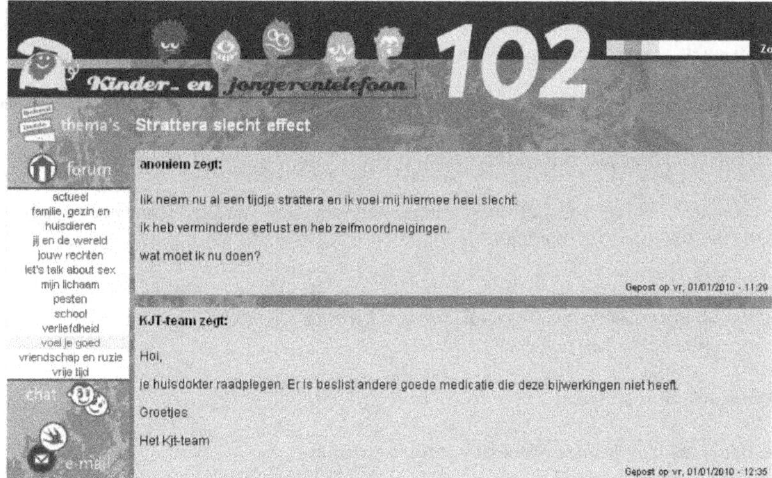

Wat zal de voorspelbare reactie van die huisarts zijn?
Overschakelen van een amfetaminetoxicomanie naar een cocaïnetoxicomanie met Rilatine of
Concerta.
Ook huisartsen zijn immers opgeleid in de kennis dat een toxicomanie goed is voor de gezond-
heid van de kinderen.
Als die goed is voorgeschreven, dixit CBG[1].
Wat betekent, dat bij ADHD de dosis groot genoeg moet zijn.

9 juni 2010:
Mevrouw Lieve Van Ermen (LDD). In de Senaat -
*Ik feliciteer collega Fontaine met zijn voorstel van resolutie betreffende het twintigjarig be-
staan van het Verdrag inzake de rechten van het kind die elk weldenkend mens ter harte gaan.*

*Als arts had ik graag nog een punt aan de resolutie toegevoegd. In de commissie had ik daar-
over een amendement ingediend, maar het is gesneuveld, omdat het er volgens de enen al in
verwerkt was, volgens de anderen niet in kon worden opgenomen. Daarom vraag ik hier opnieuw aan alle collega's het dispositief aan te vullen met een punt 20 dat luidt als volgt: `Oog
te hebben voor het recht van elk kind in een drugsvrije omgeving op te groeien. Het is de
plicht van elke maatschappij het kind voor drugs te behoeden, ook in de privésfeer'.*

*Mag ik dat even uitleggen? Vele drugs bevatten lipofiele stoffen die door de bloed-hersenbar-
rière en de placenta heen kunnen dringen en zo de foetus kunnen aantasten. Na enkele weken
zal een `drugsbaby', een baby van een moeder die tijdens haar zwangerschap drugs gebruik-
te, ontwenningsverschijnselen vertonen. Heroïne en cannabis komen in de moedermelk terecht en zelfs wanneer het kind voor de geboorte nog niet verslaafd is, zal het dat al een week
na de geboorte wel worden. Ouders met een drugsverslaving leven ook met een aangepast
bewustzijn. Drugs hebben namelijk ook een psychotroop effect. Dat heeft ongetwijfeld reper-
cussies op de opvoeding van en de omgang met kinderen.*

*Ik hoop dat de collega's rekening zullen willen houden met mijn bezorgdheid voor een drugs-
vrije omgeving voor het kind. Hoe dat concreet geïmplementeerd moet worden, kunnen de regering of beleidsmakers zelf wel uitmaken.*

De voorzitter. - Op dit voorstel van resolutie heeft mevrouw Van Ermen amendement 13 ingediend (zie stuk 4-1514/5) dat luidt:

Het dispositief aanvullen met een punt 20, luidende:"20. *oog te hebben voor het recht van elk
kind in een drugsvrije omgeving op te groeien: het is de plicht van elke maatschappij het kind
voor drugs te behoeden, ook in de privésfeer."*

-De bespreking is gesloten.

-De stemming over het amendement wordt aangehouden.

-De stemming over het voorstel van resolutie in zijn geheel heeft later plaats.

---

1   http://www.megablunder.net/PW2009_10.pdf

Voorstel van resolutie betreffende het twintigjarig bestaan van het Verdrag inzake de rechten van het kind (van de heer Philippe Fontaine c.s.; Stuk 4-1514)

De voorzitter. -
We stemmen over amendement 13 van mevrouw Van Ermen.
Stemming 2

Aanwezig: 51
Voor: 10
Tegen: 41
Onthoudingen: 0
-Het amendement is niet aangenomen.

NV-A , Groen! , SPA en VB, ook ECOLO stemden VOOR.

De andere Franstalige partijen samen met CD&V en VLD TEGEN.
Logisch... bemerk hoe de partijfinanciering bij de PS (de combine uit 2004) en het 'staatsbelang' bij de andere nationale partijen en zelfs bij een zelfverklaarde gezinspartij, voorgaat.

April 2011:
Vonnis in Breda[1]: diagnose ADHD is in strijd met kinderrechtenverdrag van Verenigde Naties.
De rechter verbiedt aan de moeder om haar kind Ritalin te geven.
Ouders kunnen voortaan psychotica-vrij onderwijs opeisen, want tegen het vonnis is geen beroep aangetekend.

November 2011:
Na een eerder [2]onderzoek aan VUMc (Amsterdam) met XTC, als amfetamine, start een nieuw[3] onderzoek naar het effect, deze keer bij kinderen, van fluoxetine (uit de amfetaminegroep) en eentje uit de cocaïnegroep (methylphenidaat, Ritalin, Rilatine).
Zelfs het vonnis in Breda kreeg de kinderrechtencommissariaten ook nog niet wakker, vandaar deze e-mail naar Bruno Van Obbergen, Vlaams kinderrechtencommissaris.

Beste Bruno,

Ik besef graag dat chemische proeven op kinderen met stoffen die internationaal door een opiumwetgeving geregeld zijn, niet meteen jouw materie uitmaken, maar mijn ouderwets ethisch gevoel knaagt toch wel even als ik dit onder de ogen moet krijgen.

Zelf beschik ik natuurlijk niet over de autoriteit om de belangen van kinderen te behartigen en zelfs al beeld ik mij in dat het internationaal kinderrechtenverdrag, onder dewelke jij vaart, alleen maar kan juichen wanneer proefnemingen doorgaan om het ras van een nieuwe

---

1   http://www.adhdfraude.net/pdf/NB344.pdf
2   http://www.nrc.nl/nieuws/2011/05/16/hersenen-krimpen-door-xtc/
3   http://onderzoek-medicatie-depressie-angst-adhd.nl/arts.html

generatie kinderen te optimaliseren, toch oordeel ik dat minstens een blijk van goedkeuring vanwege het kinderrechtencommissariaat zou mogen klinken ten aanzien van dit experiment[1]. De maatschappij heeft het recht te weten dat kinderen niet onbeschermd worden overgeleverd aan Mengele en zijn niet-uit-te-roeien organisaties.

Groetjes,

Fernand Haesbrouck.
Dit bericht is in BCC ook verstuurd naar bestemmelingen, die verlangend uitkijken naar jouw ambtshalve reactie.

Een bestemmeling, die ook verlangend uitkeek naar de reactie, koos voor deze oppep-poging.
Beste Bruno,
ik lees dat je al sinds juni 2009 tegen betaling Vlaamse kinderrechtencommissaris bent en alle kinderen die onder je ressort vallen zouden moeten kunnen rekenen op geboden veilig-heid en bescherming van hun gezondheid.

Op de website www.kinderrechtencommissariaat.be/ staat een afbeelding met een schilderij-tje waarin je voortdurend knipoogt, maar naar wie eigenlijk ? Wat heeft dit signaal waarin meestal vertrouwen wordt gevraagd eigenlijk voor betekenis ?

Verder zie ik in de afbeelding een echtpaar met een meisjestweeling van onder 12 jaar en een jongen van onder 18 jaar. De vader hanteert een vliegenmepper voor een rondvliegend vo-geltje, de moeder beschermt haar schoot, de jongen heeft zijn hand(en) op zijn geslacht en de meisjes zien er niet fit en vrolijk uit. Ondanks dat bij het aanklikken van uw foto staat ge-schreven "Ik ben Bruno, de kinderrechtencommissaris. Ik waak over de rechten van mensen die jonger zijn dan achttien" schijnt er geen zonnetje in huis en worden de mensen van uw uitspraak niet vrolijk.

---

1   http://www.adhdfraude.net/pdf/NB429.pdf

Wat heeft u sinds uw aantreden gedaan aan en met welk concreet resultaat m.b.t. de valse diagnosecircuits bij diverse psychische en/of psychiatrische ziektebeelden van kinderen zoals ADHD en wat zijn uw beleidsplannen voor de komende jaren m.b.t. deze zaken ?
Graag uw reactie via dit medium.

vriendelijke groet

Frits van Brussel
pedagoog en onderwijskundige
gewezen Hoofd-officier Speciale Diensten van de Nederlandse Koninklijke Luchtmacht

Waarop als antwoord en met cc. aan mezelf:

Geachte heer van Brussel,

Met verbazing stel ik vast dat uw schrijven wordt gekenmerkt door een bijzonder agressieve toon.

Ik wil u graag uitnodigen om verder te kijken dan de eerste pagina van de website van het Kinderrechtencommissariaat en daar te ontdekken dat wij als Kinderrechtencommissariaat reeds verschillende kritische standpunten formuleerden m.b.t het thema dat u in uw e-mail aanhaalt. Ik wil u in het bijzonder verwijzen naar onze studiedag "(In)druk" (waarvan u de documenten online kan raadplegen), alsook naar de website www.gevaarlijkjong.be. Indien u, na het doornemen van deze documenten, specifieke vragen heeft, ben ik steeds bereid u deze te beantwoorden.

Beleefde groet,

Bruno Vanobbergen

Hoge Gezondheidsraad ontbloot.

Op 15 juni 2009 kondigde de minister van volksgezondheid in de Senaat[1] aan, dat, en ik citeer:

"In 2010 dient er door de Hoge Gezondheidsraad een advies verschaft te worden over het voorschrijven en gebruik van methylfenidaat en aanverwante behandelingen. "

Toegegeven, de opdracht was aartsmoeilijk.
De minister wou een medisch wetenschappelijk onderbouwde verantwoording om onder meer ook de eigen partijfinanciering te kunnen in stand houden.

N / 110121

ADVIES VAN DE HOGE GEZONDHEIDSRAAD nr. 8570

De veiligheid en nevenwerkingen van stimulantia

6 juli 2011

---

1. INLEIDING EN VRAAGSTELLING

Ingevolge de vaststelling dat het verbruik van Rilatine®-pillen (methylfenidaat) de laatste jaren aanzienlijk is toegenomen, heeft het directoraat-generaal Organisatie Gezondheids-zorgvoorzieningen van de Federale Overheidsdienst Volksgezondheid, Veiligheid van de Voedselketen en Leefmilieu (FOD VVVL) de Hoge Gezondheidsraad (HGR) om advies verzocht betreffende de gevaren van dit geneesmiddel en de andere amfetaminederivaten.

De adviesaanvraag had meer bepaald betrekking op aanbevelingen inzake het voorschrijfgedrag (verfijning van de diagnosen waardoor het innemen van een psychostimulans noodzakelijk wordt geacht) en een lange-termijnopvolging van de patiënten (nl. betreffende hun psychomotorische ontwikkeling) teneinde de gezondheidswerkers over die problemen te kunnen informeren. De vraag had eveneens betrekking op het oneigenlijk gebruik van die geneesmiddelen (meer bepaald gebruik door studenten in de examenperiodes) alsmede over de gevolgen van dit oneigenlijk gebruik voor de gezondheid, om aldus over een gedragslijn te beschikken en de bevolking te kunnen inlichten over de mogelijke schadelijke effecten (zoals cardiovasculaire of cerebrale risico's).

Om op de vraag te kunnen antwoorden werd er een *ad hoc* werkgroep opgericht, bestaande uit deskundigen in de volgende disciplines: kinder- en jeugdpsychiatrie, farmacologie, cardiologie.

---

1 http://www.senate.be/www/?
   MIval=/Vragen/SchriftelijkeVraagPrint&LEG=4&NR=3590&LANG=fr

Het advies 8570 is gedateerd op 6 juli 2011, en is wetenschappelijk niet eerlijk[1].
Het begint al met de mededeling dat er niet wordt ingegaan op de 'state of the art' inzake diagnostiek en behandeling. (blad 1)
Hoe kan men adviseren als men geen definitie geeft van het begin van een redenering tot advies?
Eigenlijk is deze omschrijving een handige manier om te vertellen dat de aandoening waarmee met stimulantia behandeld wordt, geen medische aandoening is en dat het behandelen van de optelling van symptomen van normaal gedrag steunt op het dwangmatig psychotisch drogeren met stoffen die psychotisch maken (psychotica).

Men stelt dat 'gelukkig plotse dood bij kinderen zeer zeldzaam is', omdat over het plotse doodvallen door stimulantia geen statistieken worden bijgehouden, als doodsoorzaak wordt immers steeds een 'aangeboren hartziekte' opgegeven. Daarmee blijft men compleet in lijn met wat wel bekend is over de werking van stimulantia bij ADHD: mechanisme is onbekend. Omdat het wel bekend maken op welke manier psychotica neuronen verwoesten, commercieel niet zou lonen. Maar erger is wel dit. Tussen de aankondiging in de Senaat (midden 2009) en de verschijningsdatum van het advies (midden 2011), liepen in de loop van 2010 met medeweten en gedoogsteun van Volksgezondheid in het recreatief milieu experimenten met illegale MDMA en illegale methamfetamine. Beiden zeer hoog gedoseerd.
(Chemisch twee psychotica, die net zoals methylphenidaat en atomoxetine, fluoxetine ook psychotica zijn.)
Het medisch establishment werd daarvan op de hoogte gebracht (o.m. op 8 juli 2010), maar met het uitdrukkelijk verzoek om daar in geen enkel geval de media over in te lichten.

Volksgezondheid waarschuwt
Santé publique vous avertit
NDL
Op 5 juli werden we door het NICC, op de hoogte gebracht
van de aanwezigheid van hooggedoseerde MDMA in
capsules. De inbeslagname dateert van maart en vond plaats
in de provincie Antwerpen.
Het gaat om capsules van 183mg, die wit MDMA-poeder van
98% bevatten. In de bijlage vindt u de foto's.
We willen vragen de nodige discretie aan de dag te leggen met
betrekking tot deze informatie. De informatie die via het EWS-
netwerk wordt verspreid, is in eerste instantie bedoeld voor
iedereen die om professionele redenen in contact komt met drugs
of druggebruikers. In elk geval willen we vermijden dat deze
informatie via de media verspreid wordt.

---

[1]   http://www.health.belgium.be/internet2Prd/groups/public/@public/@shc/documents/ie2-divers/19070432.pdf

Daar zijn toen doden gevallen, ook in Nederland werd dit uitgetest, met ook daar doden tot gevolg, terwijl in Nederland wel de pers werd ingelicht.

Al sinds 2009 smeekt de psychiatrie om nieuwe medicatie voor ADHD (en ook voor Alzheimer).

Laat nu dit wel zeer merkwaardig wezen.
ADHD zou geen ziekte zijn, maar alleen een gedrag waaraan de onmiddellijke omgeving zich stoort omwille van een gebrek aan discipline of(en) zelfbeheersing.
De enige chemische manier om dit met mindcontrol aan te pakken, blijkt nu het dwangmatig psychotisch maken, door met psychotica nog hoger te doseren, dan om alleen maar... te stimuleren.
En omdat alleen maar artsen een licentie hebben om die psychotica, die in wezen harddrugs zijn, voor te schrijven, verspreidt men de fictieve waan van ADHD als een neurobiologische aandoening.
Daar waar zowel de wetgeving als het kinderrechtenverdrag van de VN verbieden dat harddrugs aan kinderen worden toegediend.

En hoe schrijft men nu 'goed' voor bij ADHD?
Om alleen maar te drogeren heeft WHO (World Health Organisation) de DDD (defined day dose) voor methylphenidaat bepaald op 30mg/70kg lichaamsgewicht.
De doseringen die bij ADHD toegepast worden, liggen merkelijk hoger.
Precies omwille van 'dwangmatig psychotisch' en dus ook 'docieler'.
Atomoxetine (Strattera) aan 18mg werkt farmacologisch precies identiek als 20mg fluoxetine (Prozac).
Beide stoffen hebben dezelfde phenylpropylamine-metaboliet (als stimulans).
Om droefgeestige patiënten alleen maar te drogeren is de DDD van Prozac bepaald op 20mg/70kg lichaamsgewicht.
Om kinderen bij ADHD zogezegd met een stimulans te kalmeren bepaalt WHO de DDD van Strattera op 80mg/70kg lichaamsgewicht.

Precies DE reden waarom, na het verschijnen van Strattera, voortaan ook Prozac bij kinderen werd toegelaten.

Waarmee meteen ook het mysterie van de baan is, waarom stimulantia tegelijk drogeren en ook kalmeren. De geheime truc ligt in de dosering die gebruikt wordt.

Op blad 3 steunen de cijfers over het verbruik van methylphenidaat op de gegevens die afkomstig zijn van het RIZIV en NIET van FAGG zoals verkeerdelijk wordt gemeld.
Die foute bronvermelding is geen vergissing, maar pure valsheid in geschriften.
RIZIV (de ziekteverzekering) meet enkel wat door de ziekteverzekering wordt vergoed, terwijl FAGG alle methylphenidaat meet, ook de niet vergoedbare en zelfs het recreatieve gebruik.

Voor de Senaat verklaart de minister dit aldus:
"Aangezien niet voor alle afleveringen van voorschriften voor geneesmiddelen op basis van methylfenidaat een tussenkomst van het RIZIV voorzien is, beschikken mijn diensten niet over gegevens die het mogelijk maken het aantal voorschriften buiten de goedgekeurde therapeutische indicaties te becijferen. Zij hebben ook geen cijfers over het aandeel gezonde mensen zoals studenten die tijdens de examenperiode dergelijke middelen zouden slikken."

En eerder in het parlement:

17.03 Minister Laurette Onkelinx *(Frans)*. Rilatine bevat methylfenidaat en wordt in sommige gevallen voor de behandeling van aandachtstekortstoornissen met hyperactiviteit voorgeschreven. De centrale stimulantia Modafinil, in Provigil, en methylfenidaat kunnen bij narcolepsie worden gebruikt. Het geneesmiddel Aricept, dat donepezil bevat, ten slotte, wordt in het kader van de behandeling van de symptomen van de ziekte van Alzheimer gebruikt. De globale consumptie van methylfenidaat bedroeg 125.672 gram in 2003 en 220.000 gram in 2007. De cijfers voor 2008 zullen medio 2009 beschikbaar zijn. Zo'n hoog verbruik wordt niet alleen in België, maar in alle geïndustrialiseerde samenlevingen vastgesteld.
(Nederlands) Aangezien de voorschriften van deze geneesmiddelen niet allemaal worden afgeleverd met tussenkomst van het Riziv, beschik ik niet over betrouwbare gegevens om het aantal voorschriften buiten de goedgekeurde therapeutische indicaties of het gebruik door gezonde personen te evalueren.

Op de cijfers van FAGG over methylphenidaat staat bovendien sinds 2004 een strenge ban en weigert zelfs de minister van volksgezondheid die voor het parlement bekend te maken.
Wat meer is, uit het antwoord van de minister blijkt dat in 2003 de globale consumptie 125.672g bedraagt.
De officiële cijfers nu die de Gezondheidsraad meedeelt op gezag van FAGG voor 2004 zouden 'maar' 111.542g bedragen, terwijl dit jaar het verbruik in feite explodeerde doordat de ziekteverzekering mee betaalde.
Op blad 5 en '*uit divers onderzoek blijkt dat ADHD op zich geassocieerd is met suïcidepogingen*'.
Deze uitspraak is volledig uit de lucht gegrepen omdat nagelaten wordt dieper in te gaan op de 'state of the art'.
Eerst en vooral, duidt men helemaal geen divers onderzoek aan, laat staan dat gewaarschuwd wordt voor de bijwerkingen van psychotica, die stimulantia zijn.

Maar bovendien slooft men zich uit om te verbergen dat niemand een neurobiologische diagnose kan stellen van de verzonnen ziekte, dat niemand weet hoe de harddrugs werken die men dealt, maar opeens weet men WEL dat suïcidepogingen geassocieerd zijn met dat alles wat men niet kent.

Terwijl die zelfmoordpogingen *'uit dat divers onderzoek'* en bij psychoticagebruik, net zo goed ook geassocieerd zijn met koude tenen, opvliegers, prikkelbaar darmsyndroom, post traumatisch stress syndroom, chemotherapie bij borstkanker en nog veel andere aandoeningen, die in de komende jaren zullen opduiken.

Vandaar dan ook dat het epitheton 'divers', hier wondergoed op zijn plaats schijnt te staan.

Zelfmoordgedachten ontstaan net zoals de andere iatrogene aandoeningen, die men aan ADHD of depressies associeert, precies als bijwerkingen van de stoffen, die neuronen en vandaar ook een normale controle over het gedrag kapot maken.

Gewoon even de bijsluiters raadplegen.

Op blad 7 en 8 worden tien referenties aangehaald, waarbij vijf auteurs bekende financiële bindingen hebben met de farmaceutische industrie.

Het gaat over Biederman, Buitelaar, Danckaerts, Faraone en Banaschewski.[1]

Potential conflicts of interest

	UCB		Lilly		Janssen/McNeil		Medice		Shire		Cephalon		Novartis	
	A or C	Other	A or C	Other	A or C	Other	A or C	Other	A or C	Other	A or C	Other	A or C	Other
Asherson				X	X	X								
Banaschewski	X		X	X		X	X	X	X					
Buitelaar	X	X	X	X	X	X		X	X					
Coghill	X	X	X	X	X	X			X		X			
Danckaerts	X		X	X	X	X			X				X	X
Döpfner	X	X	X	X		X	X		X		X			
Faraone			X	X	X	X			X	X		X	X	X
Rothenberger	X		X	X	X	X	X	X	X					
Santosh	X		X	X		X								
Sergeant			X	X	X	X	X		X					
Sonuga-Barke	X	X	X	X		X			X					
Steinhausen	X		X	X										
Taylor														
Zuddas	X		X	X	X	X			X		X			X

Note—A or C = served in an advisory or consultancy role either personally or for ones employer. This includes advisory boards
Other—Paid public speaking/conference attendance support/unrestricted research support/meeting or conference grants

---

1   http://cmp.roularta.be/cmdata/Attachments/site72/kevin/conflict.pdf

36

De wankelende god Joseph Biederman

Joop Bouma - 01/04/09, 00:00

In de Verenigde Staten is Joseph Biederman, een kinderpsychiater van wereldnaam, in opspraak geraakt. Biedermans opvattingen over de behandeling van ADHD zijn leidend in de psychiatrie, maar nu blijkt dat hij zich jaren achtereen heeft laten betalen door pillenfabrikanten.

De Amerikaanse kinderpsychiater Joseph (Joe) Biederman zit in de knel. De Republikeinse senator Charles Grassley uit Iowa onthulde onlangs documenten waaruit bleek dat Biederman 1,6 miljoen dollar had ontvangen als adviseur van farmaceutische bedrijven die psychofarmaca maken. Biederman had maar 200.000 dollar aan ontvangsten opgegeven bij Harvard, de universiteit waaraan hij verbonden is. Er loopt een onderzoek tegen hem. Biederman mag gedurende dat onderzoek geen werk meer doen voor de farmaceutische industrie.

Maar er is ook twijfel gerezen over de kwaliteit van zijn wetenschappelijke publicaties. Zijn studies worden wereldwijd gebruikt voor de wetenschappelijke onderbouwing van richtlijnen voor artsen en psychiaters bij de behandeling van ADHD-patiënten. Ook in Nederland.

De andere auteurs ontlenen bovendien hun autoriteit, door zich in de eigen geschriften te steunen op de gesponsorde en tot dogma verheven wijsheden van het vijftal.

Als smoes om financieel gepamperd te worden geldt het op de hoogte blijven van de nieuwste ontwikkelingen, terwijl al jaren als wetenschap doorgaat dat niemand weet hoe stimulantia iets aanvangen aan de optelsom van een normaal gedrag.

Verbruik methylphenidaat.

Het kostte enige moeite, maar hier zijn officiële gegevens over het verbruik van een en ander en hoe het er in ons omliggende landen aan toe gaat.

"Het aantal verstrekte recepten voor Ritalin steeg van 66.000 in 1997 naar 300.000 in 2004. Een ongehoorde toename van 354%.
Maar de medicalisering van de jeugd gaat nog verder. Naast de circa 70.000 kinderen die vorig jaar Ritalin slikten zijn er nog eens 35.000 kinderen met ADHD of gedragsproblemen die zware antipsychotica kregen zoals Risperdal.
Middelen die nota bene nooit op kinderen zijn getest. Ook hier doet zich een sterke stijging voor
(NOVA, 8 januari 2005[1])."

In Zwitserland, sinds 1999 gebruik vertienvoudigd.[2]

Het verbruik van Ritalin is in Duitsland[3] verdubbeld tussen 2001 en 2006.

"They estimated there are around 400,000 under 16-year olds with ADHD in England and Wales[4].
Monthly prescriptions for Ritalin, the standard treatment, increased from 4000 in 1994 to 359,000 in 2004. "

Meer details zijn er uit Nederland en België.

In Nederland meet men de voorschriften met ADHD-medicatie, in België het aantal milligram methylphenidaat dat internationaal moet bijgehouden worden omdat die stof onder een opium-reglementering valt en omdat op basis van dat verbruik geldige invoervergunningen[5] worden geschreven.

Ik vergelijk de officiële gegevens van beide landen.

---

1) http://www.tijdschriftdeviant.nl/teksten/deviant45/03.pdf
2   http://www.swissinfo.ch/eng/Specials/International_year_of_chemistry/Health_&_Research/Ritalin_use_is_on_the_rise.html?cid=29155620
3   EWMM congres Passau 14-16 mei 2009
4   http://news.bbc.co.uk/2/hi/health/6425977.stm
5   http://www.adhdfraude.net/pdf/NB268.pdf

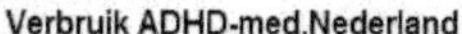

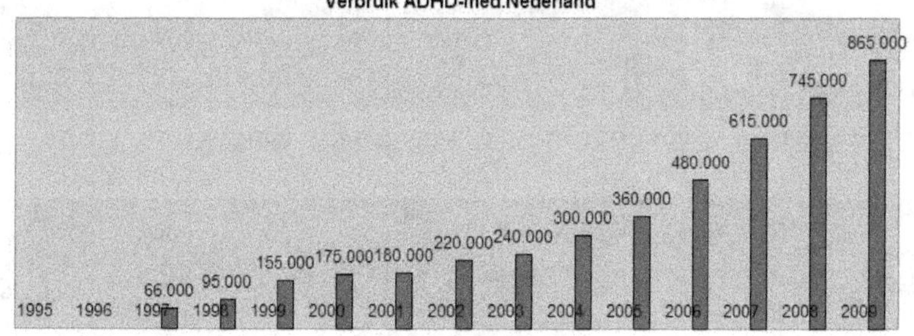

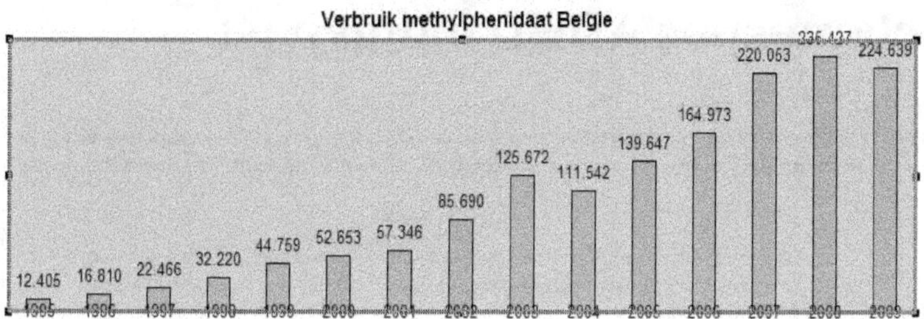

In 2004 verdriedubbelde de prijs van Rilatine en begon de ziekteverzekering te vergoeden aan de verdriedubbelde prijs, terwijl het in dit land de gewoonte is dat een bedrijf de prijs laat zakken bij een tussenkomst van de overheid, omdat daarbij steeds een vergroting van de omzet wordt bereikt.

Maar niet zo bij ADHD.

Bij ons zakte het verbruik, je acht het echt niet voor mogelijk!

Terwijl de cijfers in Nederland aantonen dat het zaakje toch wel blijft draaien.

Soit, sinds 1995 werd op een eenvoudige vraag aan Volksgezondheid het jaarlijks verbruik tot en met 2003 aan ons gemeld.

Vanaf 2004 en met de ziekteverzekering als nieuwe speler, kwam op die cijfers een ban te staan en verbood de minister het bekend maken ervan.

Pas jaren later trok de mist op en toen bleek dat ons land niet alleen twee verschillende landen heeft, maar ook twee verschillende soorten van ADHD-zieken.

Een soort die een verklaring kan voorleggen dat ze zouden lijden aan een vermeende neurobiologische aandoening en waarvoor de ziekteverzekering de dure prijs gaat vergoeden, niettegenstaande onder meer in Nederland de reclamecode-commissie op 06/08/2002 de hersensstichting aldaar had verboden om misleidende reclame te voeren, door te stellen dat ADHD een neurobiologische aandoening zou zijn.

NIEUWS OPINIE CULTUUR SPORT ECONOMIE REIZEN

Reclamespot ADHD aangepast

Van onze verslaggeefster – 03/09/02, 00:00

De Hersenstichting heeft een promotiecampagne over ADHD aangepast. In de reclame-uitingen beweert de stichting dat het hyperactiviteitsyndroom ADHD een aangeboren hersenaandoening is....

De Reclame Code Commissie oordeelde vorige maand al dat die mededeling onzorgvuldig en misleidend was. De Hersenstichting heeft besloten niet tegen die uitspraak in beroep te gaan.

De klacht bij de Reclame Code Commissie was ingediend door het Nederlands Comité voor de Rechten van de Mens (NCRM), dat meent dat de oorzaak van ADHD nog niet eenduidig is. De Hersenstichting kon dat niet afdoende weerleggen.

En dan die andere soort ADHD'ers waarbij de arts methylphenidaat voorschrijft, met ook als voorwendsel ADHD, terwijl die eigenlijk als een partydrug moet dienen om gebruikt te worden in de sport, door studenten, als middel om te vermageren, om te dealen enz.
Het verbruik van die laatste soort wordt niet meer geteld, waardoor vanzelfsprekend ook geen geldige invoervergunningen kunnen worden uitgereikt. (zie de tekst van de minister in de Senaat [1] in 2009).

Niettemin leveren de apotheken de voorgeschreven ADHD-medicatie af, terwijl in theorie er in dit land een groot tekort aan legale voorraad zou moeten bestaan.

Maar stel nu dat het bedrijf dat ons land met methylphenidaat bevoorraadt, verder betaald wordt aan de niet-verhoogde prijs sinds 2004 en dat de legale soort van ADHD-patiënten, via de ziekteverzekering een stevig potje bijeenspaart, waarmee alle nodige verpakkingen, ook de recreatieve via een bonus en weliswaar via een niet zo legaal circuit, toch bij de apotheken en uiteindelijk bij alle zieken kunnen terechtkomen...
En stel ook dat er een soort van uitvoerende macht zou bestaan in dit land, die erover moet waken dat geen illegale cocaïne of cocaïnederivaten of andere verdovende middelen worden ingevoerd....

---

1   http://www.senate.be/www/?
    MIval=/Vragen/SchriftelijkeVraagPrint&LEG=4&NR=3590&LANG=fr

Zou het dan kunnen dat sinds de opvallende daling van het verbruik en het bekend maken van een obscuur circuit, sommige diensten hun potloden zijn gaan scherpen, waardoor totaal onverwacht nu wel tekorten dreigen te ontstaan?

"Deze onverwachte situatie zou te wijten zijn aan onduidelijkheden in het administratief verdelingsproces voor Rilatine MR in België en Luxemburg."
Over methylphenidaat die België en Luxemburg[1] niet binnen geraakt.

En waarom gaven de diensten van de minister van Volksgezondheid aan de Hoge Gezondheidsraad alleen maar de verbruikscijfers van methylphenidaat dat officieel en legaal ons land binnenkomt en niet deze die door haar eigen diensten, tot op de milligram na, zouden moeten geregistreerd worden?
De inkomsten daarvan zijn toch vakkundig witgewassen?

Als toemaatje toont de laatste grafiek wat in ons land vermoedelijk zonder geldige invoervergunning en via een obscuur circuit toch tot in de publieke en ziekenhuisapotheken zou kunnen terechtgekomen zijn.

Een circuit, dat anders wel opvallend door de overheid wordt gedoogd.

De witte balken gebruiken ongeveer eenzelfde percentage stijging van het jaarlijkse verbruik in Nederland, om te kunnen simuleren wat sinds 2004 vermoedelijk bij ons illegaal wordt ingevoerd.

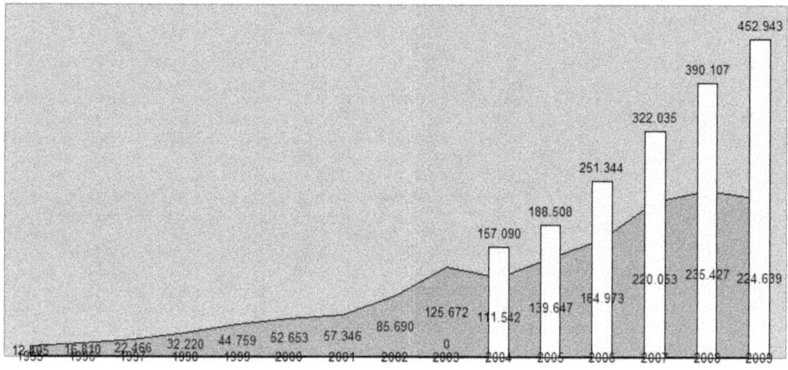

---

1 http://www.kovag.be/index.php?page=79&detail=1320

Een psychiater uit vorige eeuw.

Dit zijn fragmenten uit een betoog van een psychiater, die opgeleid werd in een periode waarin het begrip psychotica nog niet bestond.
In tempore non suspecto.
De man gaf deze tekst ten beste aan een gehoor dat bestond uit psychiaters en magistraten.

```
Toepassing van de wet van 26 juni 1990 betreffende de persoon
van de geesteszieke bij toxicomanie
```

```
De wet van 26 juni 1990 betreffende de bescherming van de
persoon van de geesteszieke,   bevat  in  art. 2 dat de
beschermingsmaatregelen bij gebreke van enige andere geschikte
behandeling (dit wil  ook zeggen expliciete weigering van een
behandeling  door  de  patiënt  bij  wie  de  ziekte  wordt
vastgesteld)  alleen getroffen worden t.a.v. een geesteszieke,
indien  zijn  toestand  zulks  vereist,  hetzij  omdat  hij z'n
eigen  gezondheid  en  veiligheid  ernstig  in  gevaar brengt,
hetzij omdat hij een bedreiging  vormt voor andermans leven of
integriteit.  M.a.w.  de  wet   zegt expliciet dat er sprake is
van een geesteszіekte én van   een   gevaarssituatie  én van
een uitdrukkelijke weigering  van  een  behandeling door  de
patiënt.   De  wet  vermeldt nog eens  dat de  onaangepastheid
aan  zedelijke,  maatschappelijke,  religieuze,  politieke  of
andere waarden op  zichzelf  niet  als  een  geesteszieke  mag
worden  beschouwd en tenslotte  zegt de wet in art. 3 nog eens
uitdrukkelijk  dat diegene die zich  vrij laat opnemen in  een
psychiatrische  dienst,  deze ten alle tijde kan verlaten.
```

```
- Cocaïne  is  een stimulerend middel,  welke bij  inname  de
gebruiker een plezierig tot euforisch gevoel geeft; het werkt
kort  en  hevig en geeft aanleiding tot de  zogenaamde  rush,
echter bij regelmatig gebruik of gebruik van een  hoge  dosis,
treden  paradoxale  effecten  op;  de  gebruiker  voelt  zich
rusteloos,  angstig,  kan lijden aan achtervolgingswaanzin of
paranoïa.  Er  ontstaat wat men noemt een zogenaamde cocaïne
psychose,  die  op zich potentieel gevaarlijk is,  uiteraard
weigert  de patiënt behandeling.  In die omstandigheden  kan
het  zijn dat men een beroep moet doen op de  bestaande  wet.
Bovendien  kan cocaïne in overdosis de lichaamstemperatuur en
de ademhalingsfrekwentie doen stijgen.  De coördinatie van de
spieren wordt moeilijker,  er ontstaan hevige tremor tot zelfs
stuipaanvallen.   In ernstige gevallen kan men zelfs zien dat
hartritmestoornissen,  hersenbloedingen ontstaan,  in sommige
omstandigheden  soms  zelfs  een  hartaanval.   Een  cocaïne
overdosis is dus een zeer gevaarlijke situatie.
- Bij  langdurig  gebruik van cocaïne kan  de  mentale
energievoorraad  snel  uitgeput  raken,  wat  zich uit door
lusteloosheid  en  een  ernstige depressie.  Deze  ernstige
cocaïne  depressie  kan  soms aanleiding geven tot  brutale
zelfmoordpogingen.
Deze  potentiele gevaren bij overdosis of  langdurig  gebruik
vindt  men  uiteraard ook bij afgeleide vormen  van  cocaine,
zoals crack,  welke een inhaleerbare vorm is van cocaïne.
```

Enkele opmerkingen:

1) De wet spreekt expliciet over een geestesziekte en niet over een veronderstelde geestesziekte.

2) Een onaangepastheid aan bepaalde normen kan niet als een geestesziekte worden beschouwd.

3) In deze tekst worden de eigenschappen van cocaïne belicht.

Methylphenidaat (Rilatine, Concerta) is een cocaïnestof, die op gewichtsbasis nog 30% actiever is dan zuivere cocaïne.

Precies omdat de werking van die stof voortaan om commerciële redenen als onbekend werd uitgeroepen, zou die stof veilig te gebruiken zijn, bovendien zelfs door kinderen.

5. FARMACOLOGISCHE EIGENSCHAPPEN

5.1 Farmacodynamische eigenschappen

Farmacotherapeutische groep: psychoanaleptica, psychostimulantia en nootropica, centraal werkzame sympathomimetica. ATC-code: N06BA04.

Methylfenidaathydrochloride is een middel dat het centrale zenuwstelsel (CZS) licht stimuleert. Het werkingsmechanisme bij ADHD is niet bekend. Methylfenidaat zou de heropname van noradrenaline en dopamine in het presynaptische neuron blokkeren en zou de afgifte van deze monoaminen in de extraneuronale ruimte vergroten.

4) Niettegenstaande deze (oude) tekst, stelt de Hoge Gezondheidsraad (anno 2011) vast dat het aantal doden bij cocaïnegebruik, zelfs bij kinderen, gelukkig nog schijnt mee te vallen.

Met betrekking tot de veiligheid en nevenwerkingen van de medicatie die momenteel gebruikt wordt in de behandeling van ADHD, met name de stimulantia en atomoxetine, is en blijft er bezorgdheid over een drietal domeinen.

De grootste bezorgdheid betreft het cardiaal functioneren (hypertensie) en vooral de mogelijke relatie met plotse dood. Gelukkig is plotse dood bij kinderen zeer zeldzaam. Dat is het ook bij kinderen onder medicamenteuze behandeling voor ADHD.

Het betekent wel dat er zeer grote aantallen patiënten nodig zijn om een duidelijk antwoord te kunnen formuleren over een al dan niet aan de medicatie gerelateerd verhoogd risico op plotse dood. De voorschrijvende arts zal zorgvuldig attent moeten zijn en blijven en betrokkenen - kinderen en ouders - attent moeten maken voor eventuele signalen.

.be

Hoge Gezondheidsraad
Zelfbestuursstraat 4 • 1070 Brussel • www.hgr-css.be

Maar wat overheid, ADHD-artsen, depressie-artsen en sportdokters helemaal NIET weten is dat ADHD-medicatie (als cocaïnedoping), en antidepressiva als amfetaminedoping worden gebruikt om 'legaal' te drogeren.

En wat stellen we vast?

17 maart 2012:

18 maart 2012:

De Standaard   www.standaard.be

23-jarige voetballer krijgt hartstilstand tijdens opwarming

maandag 19 maart 2012, 07u46 Bron: vrt, clint

In de provincie Namen heeft een voetballer net voor een wedstrijd in eerste provinciale een hartstilstand gekregen. Het gaat om een 23-jarige jongen. Hij zakte in elkaar tijdens de opwarming.

De voetballer kreeg een hartmassage ter plekke en werd vervolgens naar het ziekenhuis in Mont-Godinne afgevoerd. Hij is nog steeds in kritieke toestand. De wedstrijd werd afgelast.

Het is niet de eerste keer dat dit gebeurt, want de laatste maanden zakten er nog enkele voetballers in elkaar. Afgelopen weekend zakte ook een speler van het Engelse Bolton, Fabrice Muamba, in elkaar na een hartstilstand. Hij wordt nog altijd verzorgd op de afdeling intensieve zorgen.

Onlangs zei de voetbalbond nog dat alle 400.000 jeugdspelers zich medisch moeten laten testen.

dar

Herdenkingsbijeenkomst Miguel Laan

Aanstaande vrijdagavond om 19.00 uur is het terrein van v.v. Berdos in Bergen het decor van de herdenkingsbijeenkomst van Miguel Laan. Miguel overleed afgelopen zondag op 13-jarige leeftijd, nadat hij donderdagavond tijdens de training een acute hartstilstand kreeg. De herdenkingsbijeenkomst wordt gezamelijk georganiseerd door v.v. Berdos en de Berger Scholengemeenschap in overleg met de ouders van Miguel en is openbaar.

Wij verwachten een enorme belangstelling, temeer nu bekend is dat de begrafenis besloten is. Als club willen we daarom alles zo goed mogelijk voorbereiden, samen met alle betrokken partijen.

22 maart 2012:

Indiase voetballer overlijdt op veld, geen dokter aanwezig

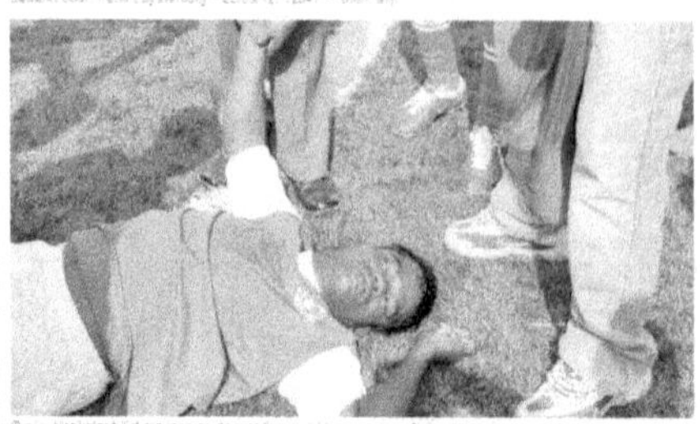

VERWANT NIEUWS

Drama op Tottenham: Bolton-speler Muamba minutenlang gereanimeerd - 18/03/12

Clubarts: "Muamba was 78 minuten eigenlijk dood" - 21/03/12

MEER OVER

Ex-Bayernspeler Ali Daei aan de beterhand na auto-ongeval

Nederlandse ex-international Hofland stopt met voethallen

1 april 2012:

SNELNIEUW!

Maandag 2 april

Sport   RSS

07:27
Oklahoma
07:56 Boeljon
houdt Schreefel
07:46 Hirvonen

Nieuws » Telesport

zo 01 apr 2012, 20:52

Football-speler overlijdt op veld

Van onze Telesportredactie

ALPHEN AAN DEN RIJN - Alphen Eagles-speler Jos Huigsloot is zondagmiddag tijdens een american footballwedstrijd van de club overleden. Dat meldt Alphen Stad FM.

14 april 2012:

Voetballertje krijgt hartstilstand bij RVVH

14-04-2012 | 11:53

Delen: [ ] 49 | Print

Op het veld van de Ridderkerkse Voetbalvereniging Hercules, RVVH, heeft zaterdagochtend een jonge voetballer een hartstilstand gekregen. Het is een 14-jarige speler van de club Overmaas uit Rotterdam-Zuid die uit in Ridderkerk speelde.

De jongen zakte in elkaar en is met spoed naar het ziekenhuis gebracht. Op de website van RVVH staat dat de toestand van de jongen stabiel is. Vrijwilligers van de voetbalvereniging hebben direct eerste hulp verleend. Later heeft personeel van de traumahelikopter daarbij geholpen.

Wat weten artsen en doktoren als dopingjagers, die onder meer de WADA-lijsten met verboden stoffen moeten opstellen?
Precies dat wat de farmaceutische industrie verlangt wat ze allemaal moeten weten over stoffen, die veilig te gebruiken zijn bij depressies en zelfs bij kinderen met ADHD.
NIETS.... juist, helemaal niets.

Maar laat het nu wel, die sporters zijn[1], die over diezelfde stoffen heel goed weten hoe ze **wél** werken.

Wat artsen (commercieel) helemaal niet mogen weten, is dat 18mg.Strattera precies identiek als 10mg. amfetamine en als 20mg.Prozac drogeert, omdat die stoffen chemisch heel erg verwant aan elkaar zijn.
Nu bestaat Strattera voor gebruik bij kinderen zelfs in doseringen van 80mg.

---

1   http://www.standaard.be/Krant/Tekst/Artikel.aspx?
     artikelId=GI1UFHBL&date=20080719&demo=False

Vandaar zo veilig als snoepgoed.

EN.... legaal als amfetaminedoping.

De Standaard ONLINE

tp://www.standaard.be/Krant/Tekst/Artikel.aspx?artikelId=GI1UFHI

Sportdokter Chris Goossens hekelt dubbele (doping)moraal in peloton

BRUSSEL - Dopingjager Chris Goossens doet een oproep: stop om vals spelende collega's een hand boven het hoofd te houden.

Toen Chris Goossens, die nog steeds optreedt als freelance adviseur van minister van Sport Bert Anciaux, zondag voor het eerst zijn tv op de Tour afstemde, zag hij Ricardo Riccò in Bagnères-de-Bigorre op indrukwekkende zijn tweede ritwinst binnenhalen. Donderdag werd Riccò ontmaskerd als dopingzondaar.

'Een blinde kon zien dat er iets aan de hand was', zegt Goossens. 'We moeten stoppen naïef te zijn. Terwijl Riccò tien kilometer per uur sneller reed dan het verzamelde peloton, kwam er bij de renners helemaal geen reactie.'

Die apathie vindt Goossens alarmerend. De omerta, het gemeenzaam zwijgen over dopinggebruik, is volgens hem nog niet uitgeroeid, terwijl die indruk bestaat. De oorlog tegen doping wordt niet hardnekkig genoeg vanuit het peloton gevoerd en daardoor kan het probleem blijven bestaan, zegt Goossens. De renners die vechten voor een dopingvrij wielrennen

http://www.standaard.be/Krant/Tekst/Artikel.aspx?artikelId=GI1UFHBL&date=20080719&demo=False

Goossens, die o sterke man van t dat de dopingcul Eén noemde Dav geschorst voor e

'Ik heb me al suf gepiekerd over de reden van die opstoot van neusbloedingen, maar heb het antwoord nog niet.'

'De jongste tijd stellen renners zich vragen over de vele neusbloedingen in het peloton', stelt Goossens vast. 'Met die vragen gaan ze naar hun ploegdokters, maar tegen de dopinginstanties zwijgen ze. Waarom? De omerta moet eindelijk stoppen. Ik heb me al suf gepiekerd over de reden van die opstoot van neusbloedingen, maar heb het antwoord nog niet.'

Sporters zijn op dat vlak veel slimmer dan artsen.

Diezelfde dag in 2008 stuurde ik de arts een e-mailtje met de raad om toch even de bijsluiter van Strattera te lezen.

Al was het maar om de man uit zijn sufheid te verlossen.

Het zogenaamde serotoninesyndroom.

Wat volgt toont de manier aan waarop ghostwriters erin geslaagd zijn een medische en farmaceutische wetenschap verzonnen verhaaltjes aan te smeren om te vermijden dat bekend zou raken hoe de veelgebruikte psychotica wel echt werken.

In het voorgaande hebben we gezien dat depressie helemaal niet gerelateerd hoeft te zijn aan verlaagde serotoninespiegels en dat gebruik van SSRI's juist kan leiden tot verlaging van de serotoninespiegel. Maar waar ooit die serotoninehypothese/leugen de wereld is ingeholpen, moet die leugen wel worden voortgezet in het geval van de verschijnselen van een overdosis amfetaminen. Daartoe citeer ik eerst even wat het Lareb (maart 2006) onder meer zegt over de definitie van het toch o zo gevaarlijke serotoninesyndroom:

[…] Het serotoninesyndrom is een ernstige, potentieel levensbedreigende bijwerking van stoffen met een serotonerge werking. De symptomen kunnen worden verdeeld in drie clusters:
1.   autonome instabiliteit: hyperthermie, zweten, tachycardie, bloeddrukwisselingen, verwijde pupillen, tachypnoe, misselijkheid, braken, diarree, urine-incontinentie.
2.   bewustzijnsstoornissen: verwardheid, desoriëntatie, hallucinaties, agitatie, angst somnolentie, coma.
3.   neuromusculaire symptomen: myoclonus, tremoren, bewegingsonrust, rigiditeit, trismus (kaakkramp), hyperreflexie, ataxie.

De diagnose wordt gebaseerd op het klinisch beeld, in samenhang met blootstelling aan serotonerge middelen en uitsluiting van andere oorzaken. Laboratoriumonderzoeken kunnen niet als diagnosticum worden ingezet, omdat alleen aspecifieke afwijkingen gevonden kunnen worden. Het beeld is niet makkelijk te herkennen, omdat het veel lijkt op het maligne neurolepticumsyndroom en op delier van andere oorsprong.
Recent is nieuw algoritme voorgesteld voor de diagnose van het serotoninesyndroom. Is een serotonerge stof in de vijf weken voorafgaand aan de symptomen gebruikt en is een van de volgende symptomen aanwezig, dan moet uitgegaan worden van een serotoninesyndroom:
-   tremor in combinatie met hyperreflexie
-   spontane spierclonus
-   spierrigiditeit in combinatie met lichaamstemperatuur >30°C en oculaire clonus of opwekbare spierclonus
-   oculaire spierclonus in combinatie met agitatie of zweten
Tremor en spierclonus kunnen worden gemaskeerd door spierrigiditeit.
De latentietijd, na start of verhoging van een serotonerge stof, varieert van uren tot enkele dagen […]

[…] Oorzaken:
Combinaties van medicijnen die bekend staan om een verhoogde kans op het serotoninesyndroom:
-   SSRI's met L-tryptofaan, MAO-remmers, TCA's, tramadol, trazodon en selegiline
-   MAO-remmers met L-tryptofaan, TCA's, ecstasy, dextromethorphan
-   TCA's met trazodon en venlafaxine
-   Reversibele MAO-remmers (zoals moclobemide) met venlafaxine, TCA's, SSRI's

Opmerkelijk is dat de symptomen van het serotoninesyndroom zo sterk overeenkomen met die van een overdosis amfetaminen (stimulantia) zoals bijvoorbeeld MDMA (3,4-methyleen dioxymethamfetamine): onder meer verhoging van lichaamstemperatuur, hartkloppingen, gevoelens van onbehagen, angst, verwijde pupillen, tremor en hallucinaties.
Op de website **http://gebu.artsennet.nl/Archief/Tijdschriftartikel/Het-serotoninesyndroom.htm** staat het volgende te lezen:

[...] Serotoninesyndroom. De pathofysiologie van het serotoninesyndroom is nog grotendeels onbekend [...]

Zelf denk ik dat die pathofysiologie van het serotoninesyndroom helemaal niet moeilijk te begrijpen is als we durven aan nemen dat die SSRI's niets anders zijn dan stimulantia met een amfetamine-karakter.
En helemaal begrijpelijk wordt het als we even een ander Lareb-document (oktober 2007) erbij halen, namelijk: *Modelterugkoppeling: Het Cytochroom P450 systeem, polymorfisme en interacties.* Daarin staat onder meer te lezen:

[...] Vele geneesmiddelen die tot de groepen antidepressiva, neuroleptica, bètablokkers en anti-arrhythmica horen, zijn substraten van CYP2D6. Voor een volledig overzicht zie: **http://medicine.iupui.edu/flockhart/table.htm** *[...]*
Deze link verwijst naar werk van *Flockhart DA. Drug Interactions: Cytochrome P450 Drug Interaction Table. Indiana University School of Medicine (2007).*

Waar het bij het serotoninesyndroom meestal gaat om een combinatie van 2 middelen, waaronder meestal een SSRI (amfetamine-achtige of cocaïne-achtige), zien we dit serotoninesyndroom ook ontstaan bij gebruik van bijvoorbeeld alleen paroxetine. Als we de lijsten van P450-druginteracties goed bestuderen, dan blijkt iets opmerkelijks.

Die SSRI's (amfetaminen of cocaïnes) – zoals fluoxetine en paroxetine - moeten worden gemetaboliseerd (afgebroken) door CYP2D6. Ook amfetaminen en cocaïnes moeten worden afgebroken door CYP2D6.
Maar..... fluoxetine en paroxetine staan ook bekend als inhibitoren van CYP2D6. Dat betekent dat deze twee SSRI's dus het leverenzym (CYP2D6) - dat ze nodig hebben om afgebroken te worden – zelf onwerkzaam maken. Hierdoor zorgen ze er eigenlijk zelf voor dat ze niet voldoende kunnen worden afgebroken en dus opstapelen tot een overdosis.
Wordt dus naast een SSRI zoals paroxetine nog een andere stof geslikt die ook CYP2D6 inhibeert, dan wordt de werkzaamheid van dat enzym zodanig sterk benadeeld dat er nagenoeg geen paroxetine (amfetamine) wordt afgebroken en er al heel snel een overdosis kan ontstaan in het lichaam, met de verschijnselen die men toekent aan dat zogenaamde serotoninesyndroom.
Het kan ook gebeuren dat een individu behept is met een polymorfisme (afwijking) van het Cytochroom P450-systeem, die precies de variant CYP2D6 treft. Dan is zo'n persoon van nature al een 'poor metaboliser' en kan men slechts weinig SSRI's (amfetaminen) afbreken, waardoor men zeer gevoelig is voor een overdosis stimulantia en zogenaamde SSRI's.

Deze mensen hoeven maar 1 zo'n middel te slikken dat CYP2D6 benadeelt of ze krijgen al snel te maken met een overdosis stimulantia (SSRI's, ook wel 'serotonerge stof' genoemd).
 Mensen met een defect aan CYP2D6 hoeven dus maar 1 'serotonerge stof' te gebruiken om problemen te krijgen, terwijl gezonde mensen meestal bij een combinatie van 2 CYP2D6-inhibitoren in de problemen raken.
Artsennet zou dus de 'deels onbekende' pathofysiologie van het serotoninesyndroom beter kunnen begrijpen als ze beide genoemde uitgaven (2006 en 2007) van het Lareb zou combineren.
Het zogenoemde serotoninesyndroom is dus niets anders dan een toestand van overdosis met stimulantia. En al helemaal niet een toestand van een te hoog serotonineniveau, zoals wordt gesuggereerd, zonder dat dit door laboratoriumonderzoeken wordt gestaafd.

Lareb knoeit met gegevens gevaarlijke medicatie.

Een Lareb-stuk dat zegt dat juist Venlafaxine opvliegers veroorzaakt past natuurlijk niet bij een dissertatie die zegt dat Venlafaxine juist opvliegers tegengaat.

Venlafaxine (Efexor) gaat voor depressie, agressie, menopauze, PDS, borstkanker en zelfs voor nep-promoties aan de universiteit.
Begin 2011 doken venlafaxine en een metaboliet ervan, op in de top-tien van producten die het meest agressie veroorzaken.[12]
Wie logisch kan redeneren, zou vermoeden dat die stof doping is, maar wie de religie van healthcare belijdt weet veel beter.
Wetenschappelijk staat die phenylethylamine voor de reuptake van willekeurig te kiezen neurotransmittoren.

Maar laat nu net die reuptake de grote fabel zijn waarin universiteiten, artsen en medisch wetenschappelijke literatuur moeten geloven om zelf nog ernstig genomen te kunnen worden.
Kan moeilijk anders, want het vak scheikunde wordt boven hun hoofden bedreven, en de waarheid daarover mag alleen door de happy-few bekend zijn.

---

1 http://healthland.time.com/2011/01/07/top-ten-legal-drugs-linked-to-violence/
2 http://www.adhdfraude.net/pdf/NB301.pdf

Ook begin vorig jaar (14/01/2011) publiceerde Lareb een document waarbij heel wat opvliegers en blozen gemeld worden bij gebruik van venlafaxine (Efexor).
Volledig in tegenspraak met de nieuwe – niet hormonale – indicatie, waarbij opvliegers en blozen bij menopauze met Efexor-doping onder controle zouden worden gehouden.
Naar deze bijdrage wordt op de Lareb-site en de nieuwsbrief 29 van 9 augustus 2011 verwezen, maar daar is wel iets vreemd mee aan de hand.

En groot was de verwondering van Teuni Kuiper, want dit zijn haar woorden:

Gisteravond wilde ik het stuk van Lareb 2011 nog even openen om de onzin van hun eigen hypothese betreffende de veronderstelde werking van Venlafaxine even over te nemen, zodat ik het niet zelf hoefde over te tikken.
Gelukkig had ik dat stuk toen meteen geprint, want nu krijg je alleen nog maar te zien "Deze pagina is niet beschikbaar".
Toen ik zojuist mijn agenda er even bij pakte, zag ik dat ik die mail op een vrijdag naar het Lareb stuurde. Dus zal het misschien pas na het weekend geopend en bekeken zijn. Waarschijnlijk hebben ze in de week na dat weekend hun eigen stuk over de bijwerkingen van Venlafaxine in de vorm van opvliegers verwijderd.
Als dat zo is, dan hebben we beet, want dan vertonen ze reactief gedrag.........en dat bevestigt ons gelijk.
Die link met dat oude boek was een meesterlijke zet van je!
Het kan ook zo zijn dat het verwijderd is om de promotie-uitkomst van dat meisje niet te ondergraven, want een Lareb-stuk dat zegt dat juist Venlafaxine opvliegers veroorzaakt past natuurlijk niet bij een dissertatie die zegt dat Venlafaxine juist opvliegers tegengaat. Hoe dan ook, misschien spelen er wel meer redenen tegelijk om dat stuk van hun website te halen.
De farmacie heeft en bloc het promotie-onderzoek van een ijverig en waarschijnlijk naïef meisje gesponsord om zodoende die Venlafaxine stevig in de markt te zetten, teneinde tegelijkertijd ook de veelvuldige bijwerkingen van hormonale kankertherapie - opvliegers - 'behandelbaar' te doen worden.
Helaas wordt al na bijna 12 weken het effect omgekeerd en worden de opvliegers alleen maar heviger.
Maar langer dan 3 maanden mocht het onderzoek niet duren.

Ik hield eraan deze anekdote aan dit boek toe te voegen, om aan te tonen op welke manier de daartoe bevoegde en zo geprezen overheidsinstanties, een loopje nemen met die geneesmiddelenbewaking, dit alles om ten behoeve van de patiënt een integrale kwaliteitszorg permanent te verzekeren.

- door de patiënten of het publiek niet correct voor te lichten of op een objectieve wijze te informeren over de vereisten, over de voorwaarden, over het toezicht en de controle bij -en tijdens- het in de handel brengen of het registreren van geneesmiddelen (en navolgend) door de overheid en over de taak van de apothekers bij het verstrekken van de handelingen van farmaceutische zorg (bij de verantwoorde aflevering van voorschriftplichtige geneesmiddelen), bij het waken over de farmaceutische opvolging van de patiënt, bij de opvolging en de mededeling van een melding van elk met het geneesmiddelengebruik verband houdend 'incident' (van een 'bijwerking' of van een 'optredende reactie') bij een patiënt aan de bevoegde diensten en over de medewerking van de apothekers aan de geneesmiddelenbewaking (die door de overheid, deskundigen en bijzondere diensten worden opgevolgd), dit alles om ten behoeve van de patiënt een integrale kwaliteitszorg in samenwerking met de geneesheren, voorschrijvers en zorgverstrekkers permanent te verzekeren;

(uittreksel uit het vonnis van de provinciale raad van orde der apothekers, van 3 oktober 2011, waarbij mij bij verstek, een tuchtstraf van de berisping werd opgelegd.)

Bevoegde beroepsgevormde autoriteiten, gewogen en te licht bevonden.

Psychotisch makende stoffen tieren welig in het weelderig landschap van de gezondheid en bovendien onder de meest aantrekkelijke naampjes, die wijzen naar de sprookjes waarmee ze aan de man worden gebracht.

Maar wat is nu medische wetenschap? Werking onbekend?
Waarom is het verhaal, dat ik vertel, medisch NIET wetenschappelijk?

De redactieverantwoordelijke van het Nederlands Pharmaceutisch Weekblad trok op onderzoek.

Laat dit resultaat nu de graad van kennis aangeven, over de stoffen waarover geleerde dissertaties worden gemaakt en waarover op het hoogste medisch niveau academisch onderwijs wordt verstrekt.

12 oktober 2011 : 09u55
Geachte heer Schellens,
Graag zou ik u het volgende willen vragen.
Bij het Lareb zijn een aantal meldingen van opvliegers bij venlafaxine bekend. Het Lareb verklaart dat dit komt door een effect op 5-HT-receptoren die betrokken zijn bij de thermoregulatie.
http://www.lareb.nl/LarebCorporateWebsite/media/publicaties/kwb_2011_2_ssri.pdf
De studie waaraan u meewerkte, naar venlafaxine en clonidine bij opvliegers bij borstkankerpatiënten, toont het tegenovergestelde. Venlafaxine vermindert juist opvliegers.
Kunt u mij deze tegenstelling verklaren?
Wat is het farmacologisch mechanisme waardoor venlafaxine juist opvliegers tegen zou gaan?
Ik ben benieuwd.

12 oktober 2011 : 10u15
..dank voor uw bericht en belangstelling voor ons onderzoek. Ik cc de eerste auteur Dr Annelies Boekhout die uw vraag ongetwijfeld wil beantwoorden.
Mvg,
Jan Schellens
Prof. Jan HM Schellens, MD PhD
Dept. Clinical Pharmacology, Div. Med. Oncology
The Netherlands Cancer Institute

12 oktober 2011 : 11u38
Dank voor uw bericht en interesse.
De SSRIs beïnvloeden de serotonine en noradrenaline heropname. Daarnaast beïnvloeden zij ook andere neurotransmitters. Helaas weten we niet heel precies waarom de SSRIs opvliegers

kunnen doen verminderen. Niet alleen venlafaxine maar ook paroxetine veroorzaakt een da-
ling van opvliegers.
Er is nog heel veel onduidelijkheid over de pathofysiologie van het ontstaan van opvliegers.
En daardoor is er ook nog heel weinig bekend over het effect van bepaalde middelen in de
bestrijding van opvliegers.
Ik stuur hierbij een interessant artikel over de pathofysiologie van opvliegers en de werking
en het effect van interventies in de bestrijding van opvliegers.
Met vriendelijke groeten,
Annelies Boekhout

12 oktober 2011 : 12u03
Geachte mevrouw Boekhout,
Hartelijk dank voor uw snelle reactie.
Toch blijf ik zitten met de vraag hoe het kan dat het Lareb vermeerdering van opvliegers con-
stateert en uw onderzoek juist vermindering. Daar moet toch een farmacologische verklaring
voor zijn?

12 oktober 2011 : 12u09
Geachte heer de Leeuw,
Dat zou inderdaad wenselijk en logisch zijn.
Maar als wij de pathofysiologie niet in zijn geheel begrijpen dan is het werkingsmechanisme
op dit symptoom ook lastig te onderbouwen ...
Ik begrijp helemaal waar het probleem ligt en dat dit lastig te verklaren is. Ik heb geen ver-
klaring en zoals we in de literatuur zien is hier ook nog geen duidelijke verklaring voor ge-
vonden, helaas.
Met vriendelijke groet,Annelies

12 oktober 2011 : 12u16 – (e-mail terug naar mij.)
*En nog interessanter, er is nog geen verklaring voor deze tegenstelling, **werkingsmechanis-***
me onbekend....
Groeten,Marc
Marc de Leeuw
Redacteur Pharmaceutisch Weekblad

Over de werking van het off-label voorschrijven van een en ander, gebruik ik op mijn lezingen
steeds een anekdote, die helemaal niet verzonnen is.
Een vriend van mij (bijna 70 jaar oud) bezocht de arts, omdat hij last had van koude tenen.
Kwam terug met recept, ging medicijn ophalen bij apotheek, trok ermee naar huis en las de
bijsluiter.
In paniek werd ik door de man opgebeld, want hij las de bijsluiter van Cymbalta en schrok hevig omdat hij een antidepressivum had gekregen. Waarop ik onbedaarlijk begon te lachen en
hem verzekerde, dat hij nog meer koude tenen zou krijgen, omdat die stof de bloedvaten doet
dichtklappen. "Maar waarom schreef de arts dit dan voor?" "Omdat ge zoudt stoppen met zagen over Uw koude tenen".
Hij heeft niet een pil ervan geslikt.
Dé reden waarom Efexor als een niet-hormonale therapie bij menopauze wordt gebruikt, is
precies dezelfde.

(Efexor is een phenylethylamine, net zoals amfetamine ook een phenylethylamine is).

Doping toedienen, is zeer dankbaar.
Er niets over weten, nog veel meer, want dan is doping veilig.
Het wordt hoog tijd dat de fabels van de industrie eens en voorgoed doorbroken worden, en men zich opnieuw gaat bezighouden met echte ... kennis.

De zeepbel rond het drogeren is een groot incestueus gebeuren, waarbij elk ideetje wordt besprongen, wanneer men zich maar kan verantwoorden met 'werking onbekend', of een (welluidende abstracte en vermoedelijke) invloed op een of andere neurotransmitter.

Dit begint echt wel lachwekkend te worden.

Ik hield eraan deze anekdote aan dit boek toe te voegen, om aan te tonen op welke manier het ontluisteren van de farmacologische kennis, die 'andere gezondheidsbeoefenaars' onterecht wordt toegemeten, via een occulte tuchtrechtspraak wordt aangepakt.

- door -gebruikmakende van zijn beroepstitel van 'Apotheker' (met de aan de betrokkene (feitelijk) toebehorende of door hem (feitelijk) ingerichte -vrij voor het publiek toegankelijke- website (met domeinnaam 'www.adhdfraude.net') zowel op de introductiepagina, in de bijhorende 'nieuwsbrief' als bij de blog-functie en in de door de betrokkene aan de Apotheker-onderzoeker overgemaakte brieven van 21 april 2011 en van 3 mei 2011- via zelf opgestelde geschriften (als 'auteur' of als 'redacteur') in 'vlugschriften', 'bijdragen', 'artikelen' of 'reacties' van onwelwillende, lasterlijke (in de feitelijke betekenis van het woord), niet discrete of niet eerbiedige commentaren over (de wijze van het handelen van) de (andere) gezondheidsbeoefenaars (i.z.v. de geneesheren, de voorschrijvende artsen of 'de medische wetenschap'), over de wijzen waarop bepaalde geneesmiddelen in de handel zijn gebracht of geregistreerd door de overheden of instellingen van de volksgezondheid of over de kenmerken of eigenschappen van deze geneesmiddelen blijk te geven;

(uittreksel uit het vonnis van de provinciale raad van orde der apothekers, van 3 oktober 2011, waarbij mij bij verstek, de tuchtstraf van de berisping werd opgelegd.)

Pelsser-dieet.

Op de spits gedreven komedie.
Of hoe het establishment ADHD als een ziekte commercieel in stand zal houden.

*Voorafgaand aan de promotie van Lidy Pelsser[1] op 10 oktober organiseert Karakter kinder-
en jeugdpsychiatrie samen met het UMC St Radboud een symposium met als titel ADHD en
Voeding: nieuwe kennis, nieuwe kansen! Het symposium is bestemd voor kinder- en jeugdart-
sen, kinderpsychiaters, GZ-psychologen, sociaal geneeskundigen en huisartsen. Zij krijgen
alle ins en outs te horen van de huidige kennis over ADHD in relatie tot voeding. Sprekers
zijn onder andere emeritusprof. Eric Taylor van het Kings College London Institute of Psychiatry, prof.dr. Jan Buitelaar, hoogleraar psychiatrie en prof.dr. Rutger Jan van der Gaag,
hoogleraar kinderpsychiatrie; beiden verbonden aan het UMC St Radboud. Ook ouders en
kinderen die het dieet gevolgd hebben, vertellen tijdens het symposium hun verhaal.*

Als het succes van het dieetverhaal iets moest aantonen, dan is het wel dat ADHD helemaal
geen ziekte is, maar een duidelijk gebrek aan ouderwetse discipline.
Onder het voorwendsel van tucht in de voeding, slaagde Pelsser erin om zij die lijden aan
GPOS (Geprojecteerd Pedagogisch Onmacht Syndroom) een structuur op te leggen, die ze bijgevolg ook aan de kinderen konden doorgeven.

Toch merkwaardig dat NIEMAND op het symposium uitlegt met welke neurobiologische diagnosecriteria de geleerden een diagnose ADHD voor elkaar krijgen en nog minder op basis van
welke (huidige?) kennis men deze 'vermeende aandoening' tot op heden met het instellen van
een toxicomanie probeert tegen te gaan.
Verder valt op dat niemand schijnt uit te weiden over de weldoende werking van de alom gebruikte cocaïne-en amfetaminestoffen in correlatie tot het even succesvol tot zich nemen van
gezond voedsel.
Wetenschappelijk VERMOEDT men alleen maar een hersenziekte, terwijl na al die jaren nog
niemand het bestaan van een medische aandoening heeft aangetoond.
Bovendien verbood de Nederlandse Reclame Code Commissie in 2002 gewag te maken van
een ziekte.
Is het wel wijs om ter gelegenheid van de promotie van Pelsser ten overvloede ADHD als een
medische aandoening in de verf te zetten en om ten onrechte de misleidende heisa daarrond
commercieel te blijven uitbuiten?

Al zal men zich vanzelfsprekend hoeden om hier over een onwettige uitoefening van de geneeskunde te spreken, het ruikt alvast heel sterk naar het wettig (commercieel) misbruiken van
diezelfde geneeskunde.
Zou iemand tijdens het symposium opgemerkt hebben dat gestructureerd gezond eten alvast
geen psychotisch gedrag, anorexia, depressie, pulmonaire hypertensie of dementie zal veroorzaakt hebben?
Als de zogenaamde comorbiditeiten van de veronderstelde aandoening, die evidence based opduiken wanneer ADHD chemisch wordt behandeld.

---

1   http://www.umcn.nl/OverUMCstRadboud/NieuwsEnMedia/archief/Nieuwsarchief
     %202011/Oktober2011/Pages/PasdefinitievanADHDaan.aspx

Depakine drogeert net als methamfetamine.

Een verslaafde patiënte, 38 jaar, werd uit een afkickcentrum ontslagen, omdat ze positief bleef testen op het gebruik van methamfetamine.
Terwijl ze stellig probeerde te overtuigen, dat ze helemaal niets meer gebruikte.

Methamfetamine werd in de tweede wereldoorlog door de kierewiete Nazi-soldaten geslikt, en tegenwoordig (vooral in de VS) als Desoxyn, bij ADHD.

Opgenomen in een nieuwe psychiatrische instelling, dreigde ze om dezelfde reden eruit gegooid te worden.
De hoofdverpleger leek geloof te hechten aan de oprechtheid en riep de hulp in van de apotheek, waar ik toevallig de eerste dag van twee weken vervang.

Omdat ik al enkele ongeruste e-mails nog steeds niet kon beantwoorden over het chronisch gebruik (misbruik?) van Depakine, stelde ik, na onderzoek van het volledig medicatieplan, voor om gedurende twee weken, het toedienen ervan bij de patiënte te staken, om dan opnieuw te testen op methamfetamine.

Een week geleden bouwde de hoofdgeneesheer af en na 7 volle dagen, kwam de man met een zonnige lach melden, dat patiënte na vier keer eerder (voorbije week) positief te hebben getest, eindelijk methamfetamine-vrij bleek te zijn.
Daarbovenop dan nog de blije mededeling, dat patiënte zich veel beter voelde, en voor het eerst sinds lang, 'weer normaal kon nadenken'.

Mijn conclusie: valproïnezuur verestert in het spijsverteringssysteem met de metabolieten van tryptofaan (de klassieke neurotransmitters), tot stoffen, die 'lichaamseigen' fake-neurotransmitters vormen, waarop het zenuwstelsel reageert met een gevarenreflex (lees: doping), maar ook met het vormen van antistoffen.
En zeer opmerkelijk, zou het patroon van die antistoffen zo sterk gelijken op het patroon dat ook reageert op methamfetamine, dat hier de immunochemische test het gebruik van een schadelijke en giftige stof verraadt.

Wat meteen verklaart waarom Depakine als een 'stemmingregulator' en bij een (manisch-) depressieve stoornis wordt gebruikt.
Al wordt het werkingsmechanisme vanzelfsprekend als **onbekend** uitgeroepen en is de stof daarom 'veilig' te gebruiken.

Eenzelfde redenering kan gelden voor het gebruik van carbamazepine (Tegretol) en de vele anderen, waarvoor ik in mijn 'vlugschriften' het publiek wil waarschuwen.

Ik vermeld deze anekdote omdat dit voorval gebeurde op 22 september 2011 en omdat sindsdien het verbruik van Depakine (alvast in deze kliniek) helemaal niet is verminderd, wel integendeel.
Achteraf bleek dat het artsenteam aldaar dit als 'bullshit' hebben gekwalificeerd, bijna zeker na raadpleging van de deskundige specialisten van het betreffend farmaceutisch bedrijf.

Terwijl intussen alvast, niet alleen door mij, maar toch door de rest van de wereld kan vastgesteld worden dat een en ander toch FDA ter ore moest zijn gekomen.

Immers:[1]

Of 8 Drugs on Third-Quarter 2011 List, 5 Underwent Label Changes

The FDA's watch list covering July through September 2011 was shorter than the list for the last quarter of that year, containing only 8 drugs or drug classes. Since September 2011, 5 of those 8 drugs have undergone label changes involving the safety issues that surfaced in AERS.

For example, the FDA revised the label of dabigatran etexilate (*Pradaxa*, Boehringer Ingelheim), an anticoagulant, to recommend that clinicians assess renal function before and during therapy — and adjust the dose accordingly — because the drug's anticoagulant activity and half-life increase in patients with renal impairment. The label change followed postmarketing reports of fatal bleeding events.

Potential Signals of Serious Risks/New Safety Information Identified by AERS, July to September 2011

Product Name: Active Ingredient (Trade) or Product Class	Potential Signal of a Serious Risk/New Safety Information	Additional Information (as of February 15, 2012)*
Valproate products: valproic acid, divalproex sodium, valproate sodium	Liver failure and injury (involving hereditary mitochondrial disorders, such as Alpers-Huttenlocher syndrome and other conditions)	

*Unless otherwise noted, the FDA is continuing to evaluate these issues to determine the need for any regulatory action.

More information on these watch-list drugs from the second half of 2011 and their potential safety issues is available on the FDA's Web site.

Ik hield eraan deze anekdote aan dit boek toe te voegen, om aan te tonen op welke manier ik de geloofwaardigheid van het publiek tegenover de veiligheid van (vergunde) geneesmiddelen probeer in gevaar te brengen.

---

1 http://www.medscape.com/viewarticle/762205?sssdmh=dm1.777107&src=nldne

-   door het ontplooien van een commerciële activiteit (via deze website met de promotie voor de eigen boeken of bijdragen) die kennelijk niet in overeenstemming met de structuren van de gezondheidszorg, in zoverre deze het vertrouwen of de geloofwaardigheid van de patiënten of het publiek in de kwaliteit of veiligheid van de voorgeschreven en de afgeleverde (vergunde) geneesmiddelen of de zorgverstrekking, in gevaar wordt gebracht;

(uittreksel uit het vonnis van de provinciale raad van orde der apothekers, van 3 oktober 2011, waarbij mij, bij verstek, een tuchtstraf van de berisping werd opgelegd.)

Bij een vonnis hoort een motivering en omdat die motivering hier zo uniek is, druk ik die af.

Verklaart de aan de betrokkene ten laste gelegde –hoger weergegeven- feiten **BEWEZEN.**

Legt -hiervoor als tuchtmaatregel- aan de betrokkene de **BERISPING** op.

Verstaat dat het in de oproeping van 26 augustus 2011 weerhouden voorbehoud en hier overgenomen – door de keuze van de betrokkene en de gevolgen voor het onderzoek – onverkort blijven gelden.

Bepaalt dat deze beslissing –aan wie het behoort- wordt bekend gemaakt, ter kennis wordt gebracht of wordt meegedeeld, op de bij wet voorziene wijze en om (als) naar recht te dienen.

In juridische omgangstaal noemt men zoiets: exceptio obscuri libelli, wat gelijk is aan een afwezigheid van motivering.

Wie daarmee van mening zou kunnen zijn, dat dit soort van krachttermen alleen maar groeien bij rechtsgeleerden, is totaal verkeerd.
Immers het vonnis werd NIET mede-ondertekend door de daartoe bij de wet voorziene magistraat assessor.

Mysterie rond auto-immune limbische encefalitis.

Het Nederlands Tijdschrift voor geneeskunde publiceerde op 20 april 2012 een klinische les over: auto-immune limbische encephalitis.
NED TIJDSCHR GENEESKD. 2012;156:A4455[1]

Met daarin een bespreking van twee gevallen, maar vooral een overzichtelijke theorie over wat blijkbaar moet doorgaan als wat een auto-immune limbische encefalitis wordt verondersteld.

Een theorie die opgebouwd werd naar aanleiding van patroontjes van antistoffen, met een formaat dat zou afhangen van het patroon van het antigeen.
Ik wil het hier vooral hebben over neuronale antistoffen, die zouden gericht zijn tegen neuronale celmembraanantigenen.

Vier soorten onderscheidt men:

waarbij,
VGKC (Lgi1) wat bij 20% van de patiënten zou wijzen op een kleincellig longcarcinoom, thymoom.
VGKC= 'voltage-gated potassium channel', spanningsafhankelijk kaliumkanaal; Lgi1 = 'leucine-rich glioma-inactivated 1 protein'.

NMDAR bij 50% op een ovariumteratoom.
N-methyl-D-aspartaat-receptor.

AMPAR bij 50% op thymoom, mammacarcinoom of kleincellig longcarcinoom.
'α-amino-3-hydroxy-5-methyl-4-isoxazolepropionic acid'-receptor.

GABABR bij 50/ op thymoom .
gamma-aminoboterzuur-b-receptor

En de commentaar erbij, ik citeer:
"De afgelopen jaren zijn verschillende auto-antistoffen gevonden bij patiënten met limbische encefalitis, die meestal geen maligniteit hebben. Vermoedelijk zijn er meer, nog niet geïdentificeerde, antistoffen.".
Meestal geen maligniteit.
Komt de maligniteit wanneer misschien veel te laat wordt ingezien dat de symptomen eigenlijk toch aan de medicatie zouden te wijten kunnen zijn?
En dat het langdurig chronisch toedienen van stoffen, die de antistoffen veroorzaken en dus giftig zijn, uiteindelijk ook de kankers doet ontstaan.

Ik erger mij mateloos over deze passage.
*"In de weken daarna was er een toename van de depressieve klachten, geheugenstoornissen en slapeloosheid, kreeg hij visuele hallucinaties, en waren er perioden van uren tot dagen met paranoïde wanen en persoonsmiskenning die leidden tot agressief gedrag. Er was geen verslechtering van de nierfunctie en **het psychiatrisch beeld kon niet worden toegeschreven***

---

1   http://www.ntvg.nl/node/652415

aan bijwerkingen van de gebruikte medicatie."
Waarom wordt de gebruikte medicatie niet vermeld?
Zodat daarover kan geoordeeld worden, door een persoon die gespecialiseerd is in het kennen van medicatie?
Lithium is een stof, die neuronen onklaar maakt, zodat de stof (antidepressief helend?) een veranderde perceptie op de realiteit kan veroorzaken maar ook, en zoals hier blijkt: daardoor zorgt voor de antistoffen bij spanningsveranderingen aan het kaliumkanaal (VGKC).
Zou het gebruik van Lithium bijgevolg toxisch kunnen zijn en kanker kunnen veroorzaken bij die 20% van de gevallen?
In september 2011 (vorig hoofdstuk) kreeg ik de kans om aan te tonen dat Depakine-(valproi-nezuur)–gebruik, maakt dat patiënten positief testen op (ook) een immunochemische test op methamfetamine (Pervitin).
Wat me nu zou toelaten te besluiten dat het patroon van de antistof op methamfetamine zeer sterk gelijkt op een GABABR antigeen, gevormd door Depakine, dat van Tegretol op een AMPAR antigeen en zo zouden we tijdlang kunnen doorgaan.
En dan zwijg ik nog over Lioresal (baclofen), Neurontin (gabapentine), Lyrica(pregabaline) en Campral (acamprosaat).
Maar... 50% kankers?
Immers, als reagentia brengen die stoffen in het lichaam verbindingen tot stand met de meta-bolieten van tryptofaan uit de voeding en zorgen aldus voor de neuron-verwoestende effecten, waarop het organisme reageert met ... onder meer antistoffen in de vorm van de patronen van de tot stand gekomen metabolieten.
Vandaar dat ik durf te stellen dat deze limbische encefalitis eerder als een bijwerking moet ge-interpreteerd worden, van de zogenaamd veilige stoffen, die de farmaceutische industrie ver-deelt met als waarschuwing: ...'werking onbekend'.
Toch jammer dat in de geneeskunde geen onderwijs in geneesmiddelen meer wordt verstrekt.
Immers, wat hier staat zijn precies de symptomen, die ontstaan wanneer psychotica neuronen verwoesten en die dus dienen om nieuwe ziekten, maar ook kankers te doen ontstaan.
Wat bovendien nog lucratief schijnt te zijn, te oordelen aan de suggesties die worden gemaakt om die 'bijwerkingen' aan te pakken.

Ik citeer:
"De kosten van immunomodulerende therapie zijn hoog. De prijs van plasmaferese bedraagt € 600 per sessie en meestal zijn er 5 sessies gedurende 5 dagen, wat neerkomt op € 3000. IVIg kost ongeveer € 10.000 voor een 5-daagse kuur en € 2000 voor een onderhoudsbehan-deling (bron: www.medicijnkosten.nl); op jaarbasis is een 4-wekelijkse onderhoudsbehande-ling € 20.000-30.000."

En kom nu niet af met de foef als zouden nog geen studies bestaan over het ontstaan van kan-ker bij sommige van de psychotica die ik vereer door ze te citeren in mijn werkingsmechanis-me.

Bovendien.
Zou de "zeldzame aandoening" limbische encephalitis tot stand zijn gekomen als men veel eer-der, veel kostenbesparender een zuiniger en voorzichtiger cocktail van psychotica had aange-wend, waardoor minder stevig en duur chemisch en bipolair had moeten gebalanceerd worden, met daarbovenop dan nog eens het risico van nog andere metabole aandoeningen?

Ik vrees dat we hier te maken hebben met een schoolvoorbeeld van hoe het bewust negeren van kennis een iatrogene medische industrie kon tot stand brengen.

Het alternatief.

Als fenomeen kent niemand beter dan ZITSTIL de manier waarop de nieuwe aankomende jeugd het best, en zonder een toxicomanie, in goede banen wordt geleid.

Het enige nadeel bestaat erin dat de deskundigheid moet afhangen van sponsoring door bedrijven als Novartis (Rilatine), Janssens Pharmaceutica (Concerta) en Lilly (Prozac en Strattera).

Om de geldschieters terwille te zijn, bedacht men er methodes om kinderen, die bij hun omgeving geen pedagogische onmacht veroorzaken en vandaar een onvoldoende halen op de schaal van ADHD, om die kinderen uiteindelijk dan toch door de mand te laten vallen.

Door met geld te zwaaien hoefden die bedrijven zich amper in te spannen om ongeschoolden in de chemie en de neurofysiologie ervan te overtuigen dat harddrugsgebruik bij kinderen niet alleen veilig is, maar bovendien hun kansen op een betere toekomst garandeert.

En waarop zijn die methodes gebaseerd?
Zo simpel als het ei van Columbus.

Een sponsor en ook Zitstil verdienen niets aan een kind dat:
– zich in een gestructureerde setting bevindt,
– een nieuwe situatie beleeft,
– terecht komt in een leuke situatie,
– en het liefst dan nog bij een interessante persoon,
– in een 1 op 1 situatie,
– of in een situatie met sterk toezicht of supervisie,
– of een situatie die sterk onmiddellijk wordt beloond.

Vandaar dat in dergelijke gevallen aangeraden wordt om: "**... de observaties uit te voeren op verschillende momenten en in verschillende situaties**".

Zonder die financiële afhankelijkheid van de dealers van cocaïne-en (of) amfetamine-harddrugs, zou Zitstil, of wie dan ook anders, in het belang van het goed functioneren van de nieuwe jeugd, adviseren dat:

– een gestructureerde setting noodzakelijk is,
– men, met een klein beetje verbeelding, zorgt voor nieuwe situaties,
– die bovendien ook nog leuk kunnen zijn,
– men zichzelf van de leukste kant kan voordoen,
– en bezig zijn met het kind,
– erop toezicht houdt en het kind bovendien rechtvaardig beloont.

Of... hoe een veronderstelde ziekte wordt verzonnen, omdat een chemische industrie geld ruikt en dat harddrugs alleen legaal worden gedeald, door artsen, die daarvoor een 'presumed disease' voorwenden, omdat ze anders wel de wet zouden overtreden.

Zielige artsen, die een diagnose van een onbestaande aandoening moeten stellen, aangebracht door immorele gezondheidswerkers, die zich verrijken door precies het omgekeerde te doen van wat de maatschappij van hen verwacht.

Vonnis Breda.

Diagnose ADHD in strijd met kinderrechtenverdrag VN

Ritalin: cocaïne voor kiddies

STEEDS VAKER WORDEN JONGE KINDEREN HET SLACHTOFFER VAN EEN FOUTIEVE ADHD DIAGNOSE. HIERDOOR WORDT IN VEEL GEVALLEN DE JEUGD TEN ONRECHTE BLOOTGESTELD AAN HET ZWARE MEDICIJN RITALIN. DEZE INADEQUATE BEHANDELING IS NIET ALLEEN ONNODIG EN MOGELIJK SCHADELIJK VOOR DE ONTWIKKELING VAN KINDEREN, MAAR DAARNAAST ZIJN ER OOK BEHANDELINGSMETHODEN ZONDER MEDICATIE VOORHANDEN.

Rechter: "Geen ritalin voor dochter"

DE RECHTBANK TE BREDA HEEFT AAN EEN MOEDER DE TOESTEMMING GEWEIGERD HAAR ZESJARIGE DOCHTER HET MEDICIJN RITALIN TOE TE DIENEN. RITALIN WORDT VOORGESCHREVEN IN GEVAL VAN ADHD.

Het vonnis in Breda[1] verbood een moeder op doktersvoorschrift haar kind te drogeren, voor het pedagogisch comfort van zij die instaan voor het onderwijs van kinderen.

De rechter beroept zich daarbij op een universeel verdrag van de rechten van het kind.

Terwijl de artsen die het voorschrift opstellen, niet eens in staat zijn om medisch aan te tonen waarom bij het kind een toxicomanie met harddrugs moet opgestart worden.

Het zijn anderen, die veel symptomen van normaal kindergedrag tot een (vermoedelijke!) neurobiologische aandoening mogen uitroepen, waarop de arts dan meestal willens nillens, maar wel goedbetaald, het (zijn of haar) verstand op nul plaatst.

Meer zelfs, artsen houdt men in de waan dat de partydrugs die ze voorschrijven, veilig zijn voor kinderen, die zouden lijden aan een ziekte, die ze zelfs niet eens kunnen diagnosticeren.

Bovendien wordt die artsen wijsgemaakt, dat niemand zelfs weet hoe die stoffen de kinderen (pedagogisch? of therapeutisch?) dwangmatig psychotisch en dus dociel maken.

Met dit vonnis kan gelijk wie een nieuw rechterlijk bevel afdwingen aan de hand van de redenering van voornoemde rechtbank.

Want het argument is er een van universele aard, en staat boven nationale regelgeving.

Ik hou mij ter beschikking om bij om het even wie of welke instantie dan ook, het werkingsmechanisme van de gebruikte harddrugs te komen uitleggen.

Werkingsmechanisme, dat om commerciële redenen en om het geweten te sussen, wetenschappelijk door het establishment als onbekend wordt achter gehouden.

Uit ervaring weet ik dat geen enkele arts, noch geleerde professor het onbekende van de werking van psychotica tegenover een rechtbank zal durven etaleren.

Het zou daarenboven aanbeveling verdienen, dat ouders, die zich benadeeld voelen, doordat ze, onder druk, een toxicomanie hebben moeten instellen bij het kind, van de rechtbank gepaste maatregelen eisen om de opgelopen schade zoveel mogelijk te kunnen beperken.

De overheid moet erop toezien, dat voortaan geen arts nog, zonder wetenschappelijk aantoonbare neurobiologische diagnosecriteria, het zenuwstelsel van kinderen zodanig kan verwoesten, dat zij of andere artsen een toevlucht moeten nemen tot het voorschrijven van antipsychotica, antidepressiva, antimigraine-stoffen en ooit misschien wel Alzheimerproducten.

---

1   http://www.adhdfraude.net/pdf/Ritalin.pdf

Werking psychotica.

Chemisch kent men vier grote groepen, die als drugs of als psychotica de neuronen van het zenuwstelsel verwoesten.
De stoffen zelf in de groepen, weten vanzelfsprekend niet, of ze nu als een verboden drug of als een levensreddend medicijn worden gebruikt.

Hun gebruik hangt vooral af van de perceptie die de maatschappij eraan wil geven en wie er welk geld wil aan verdienen, misdaad-geld of medisch-geld.

Deze groepen (indolen, cannabinoïden, piperidilbenzylaatesters, phenylalkylamines) zijn psychotica omdat ze dosis per dosis neuronen verwoesten.

Indolen: LSD, melatonine, circadianes.
Cannabinoiden: zijn bekend.
Piperidilbenzylaatesters: cocaïne, methylphenidaat (Rilatine, Concerta), trazodone, varenicline (Champix).
Phenylalkylamines: waarbij: Phenylmethylamine → Ketalar.
Phenylethylamines: → dexamfetamine, Desoxyn, Wellbutrin, Zyban, Pervitin, methamfetamine,Aderall.
Phenylpropylamines → Prozac, Strattera en de meeste andere SSRI's.
Phenylbutylamine → Silomat (intussen verboden).

Het verwoesten komt tot stand doordat deze giftige materies over eenzelfde basisenergiepatroon beschikken als de neurotransmitters die de aanvoer van energie bezorgen in het systeem van de elektrische prikkeloverdachten.
Receptoren immers in de celwanden zijn minder selectief dan de vesikels in de cel zelf, die de natuurlijke energiecomponenten gescheiden houden van de fysiologische vloeistof in de cel.
Vandaar dat vreemde energiepatronen, eens terechtgekomen in de cel, geen plaats terugvinden in een beschermende vesikel, waardoor het magnetisch veld van die energiecomponent de fysiologie van de cel gaat kapotmaken en daarmee de cel verwoest.

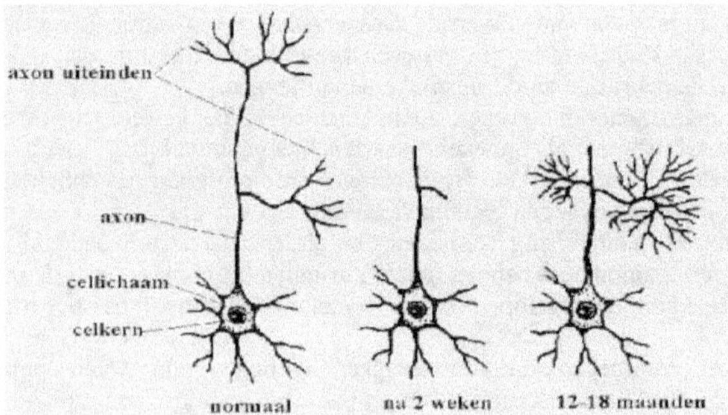

De prikkelgeleiding van het zenuwstelsel verandert en daardoor ook het gedrag en een geconditioneerd denken: met als gevolg: controleverlies over gedrag (psychotisch gedrag), zelfmoord, veranderde perceptie op de realiteit (antidepressief, maar ook nieuwe depressies, bij rebound), tics, hallucinaties, stemmen horen, wanen,agressie.

Het ontstane psychotisch gedrag door het controleverlies, corrigeert men medisch met de gekende antipsychotica (neuroleptica).

Omdat het zenuwstelsel dit gevaar aanvoelt reageert het met een gevarenreflex (fight or flight, of de doping-kick), en met het vormen van antilichamen om de aanvallers proberen te neutraliseren.

Op het patroon van die antilichamen kan immunochemisch getest worden met bijvoorbeeld de speekseltest.

De gevarenreflex doet de bloedvaten dichtklappen.

Vandaar dat chronisch gebruik, en het chronisch dichtklappen van de bloedvaten ervoor zorgt dat:

1) (op het hart) een pulmonaire hypertensie ontstaat, waaraan men meestal plots doodvalt (en dus geen aangeboren hartziekte is). (Cardiologencongres Venetië 2003)

2) (in de hersenen) de diepere hersencellen, die het geheugen onderhouden, via de al zeer fijne bloedvaatjes, die dus dichtklappen, geen zuurstof meer krijgen om te overleven, en ervoor zorgen dat zij de mysterieuze amyloïdplakken gaan vormen, waarvan men nu al weet dat die Alzheimer veroorzaken.

Agressie: kijk liever de andere kant op, dat loont!

Zonder meer wraakroepend is het dat een minister van Volksgezondheid, die het medisch gebruik van harddrugs bij jongeren, in naam van een internationaal kinderrechtenverdrag zou kunnen verbieden, dit zomaar aan haar laars lapt.
Doodgewoon omdat de corruptiegelden en ziekteverzekeringsgelden van het gedoogbeleid moeten dienen om zwijggelden te betalen voor haar pedofiele partijgenoot, die eerste minister is in een land als België.

Een man waarvan pornografisch materiaal beschikbaar is, van seks met minderjarigen.
Een dossier dat op Cassatie ligt te rotten met medeweten van de andere partijen in de regering.
Terwijl in datzelfde land een katholieke bisschop omwille van zijn pedofilie uit zijn ambt en uit de maatschappij is verbannen geworden.

Zal Elio Di Rupo bij Rome ooit invloed laten gelden om de gewezen bisschop, Roger Van Gheluwe straks als opvolger van aartsbisschop Leonard te benoemen?
In een land waar de democratische bevolking bezwijkt voor de charmes van een pedofiele eerste minister.
Een land waar een parlementaire commissie over pedofilie niet eens de politieke pedofilie in kaart mocht brengen.

Maar dit gaat over de agressie in de maatschappij.
Agressie, waarvoor overheid en geneeskunde de andere kant opkijken.

Geachte heer Haesbrouck,

Ik wil u graag bedanken, ik ben een paar dagen geleden op uw website terecht gekomen, en dit helpt mij enorm om alles op eigen kracht te doen.
Ik heb helaas veel medicatie gebruikt in het verleden (voorgeschreven & recreatief)Daar ben ik overigens al tijden van verlost. Het middel is erger dan de kwaal. En door mijn wantrouwen naar de farmaceutische industrie.
Nu ben ik twee weken geleden begonnen met stoppen met roken & blowen (voorbereidingstijd) heel stom & dom, met het middel Champix.
Ik ben nu drie dagen gestopt met roken, en drie en een halve dag met blowen.
En ik ben na 10,5 dagen acuut gestopt met Champix.
Het gevoel deed mij denken aan alle troep die ik vroeger recreatief gebruikt, dit kon toch niet de bedoeling zijn? Ik werd er zo ontzettend extreem agressief van, zo buiten mezelf, als ik door was gegaan met dit middel waren er absoluut niet terug te draaien ongelukken gebeurd, het keerpunt voor mij was dat ik zo buiten zinnen ging, om iets wat mijn hond deed, gelukkig drong op een gegeven moment door hoe bang mijn hond was, voor mij... Ik wilde hem echt iets aandoen, en mezelf.
Gelukkig kwam ik bij uit die roes, maar wat als ik die drie maanden kuur had afgemaakt, wat was er dan gebeurd? Dit is drie dagen geleden gebeurd, en ben er nog kapot van.
Na enig speurwerk op het net, ben ik bij uw site terecht gekomen, en werd bevestigd wat ik voelde en diep van binnen eigenlijk al wist.

Ik schrok erg van de top 10 lijst van agressie verhogende medicijnen, vier daarvan heb ik gebruikt, met als klap op de vuurpijl, Champix.

Ik heb de laatste paar jaren erg veel last van agressiviteit, ik was nooit zo, ik ben hoog sensitief, en dus heel gevoelig.

Ik heb een zware therapie gevolgd van 3 jaar, waarbij ik nu nog steeds onder controle sta.

Maar ik heb altijd al geweten dat ik niet gek ben, ik zie verbindingen en emoties, die andere niet zien. Maar dit is niet mogelijk in de huidige maatschappij, dus moet je in therapie.

Ik kan u vertellen, dat ik tijdenlang mijn huis niet uit durfde, ik kon niet eens meer van mijn kamertje afkomen, altijd zat ik daar met de deur op slot, alleen maar omdat ik anders ben, en van binnen kapot ging van de medicatie.

Mijn vraag is, gaat dit over? Zal het slijten uiteindelijk die agressie?

Ik gebruik nu niets meer, mijn ogen zijn geopend, ik wil schoon & puur mijzelf zijn!

Ik zou ook graag de mensen bewust willen maken dat het zo fout is, al die chemische troep, maar mensen willen er niet aan, ze verklaren me voor gek, zeggen dat ik paranoïde ben...

Ja het zal wel, maar ik heb het door gemaakt, dus ik weet toch waar ik over praat?

Juist daarom ben ik zo blij dat ik uw website ben tegengekomen, waren er maar meer zoals u!!!

Respect & waardering wil ik u geven, mijn dank is groot.

Vriendelijke groeten, Anoniem.
(Naam staat vermeld in email, ik wil graag anoniem blijven bij eventuele plaatsing.)

Experimenteren met Alzheimer-en Parkinson-medicatie.

In juni 2011 waarschuwde Medisch Contact[1] al tegen een onterecht gebruik van Alzheimer medicatie.

Gebruik antidementica verdrievoudigd

Publicatie	Nr. 23 - 07 juni 2011
Jaargang	2011
Rubriek	NieuwsReflex
Auteur	Heleen Croonen
Pagina's	1436

Het aantal gebruikers van geneesmiddelen tegen dementie is meer dan verdrievoudigd. Dat blijkt uit cijfers van de GIPdatabank van het College voor Zorgverzekeringen over de jaren 2005 tot 2009.

beeld: Thinkstock

De meeste mensen (13.000 van de 25.000) gebruiken rivastigmine (Exelon). De pleisters zijn twee keer zo populair als de capsules. De meeste gebruikers zijn ouder dan 75 jaar.

Antidementica worden niet alleen ingezet om het dementieproces te vertragen, maar ook tegen gedragsproblemen bij dementie. De middelen worden gebruikt als aanvulling op de antipsychotica, die in een slecht daglicht zijn komen te staan vanwege het verhoogde risico op CVA of overlijden. De Verenso-richtlijn Probleemgedrag uit 2008 noemt een aantal toepassingen, zoals rivastigmine bij Lewy-body-dementie.

Volgens klinisch geriater Paul Jansen, tevens en lid van het College ter Beoordeling van Geneesmiddelen, zijn de antidementica echter geen volwaardige vervanging van de antipsychotica. 'Bij gedragsproblemen is een hele waslijst met middelen geprobeerd, maar niet één middel springt er bovenuit.'

Heleen Croonen

Met rivastigmine (Exelon) combineert healthcare twee actieve stoffen, waarbij het carbamaat als een acetylcholinesteraseremmer (spierverslapper) doorgaat en het psychoticum een gevarenreflex doet ontstaan zodat kortstondige lucide momenten verschijnen.
Van psychotica is bekend dat ze psychotisch maken, vandaar dat de ontstane 'gedragsproblemen', als bijwerking, op een Pavlov-manier, symptomatisch worden gecorrigeerd met antipsychotica.

---

1   http://medischcontact.artsennet.nl/Nieuws-26/archief-6/Tijdschriftartikel/97512/Gebruik-antidementica-verdrievoudigd.htm

En hoe reageert de medische literatuur daarop?

Zo in-triest, maar tegelijk toch wel grappig.

Verschijnt nu wel op 7 november 2011 in Medscape[1] een stukje waarbij gesteld wordt dat de gebruikte Alzheimer-medicatie meestal elkaar tegenwerkt.

Dit artikel was eerder al verschenen op 22/10/2011 in the Journal of the American Geriatrics Society.[2]

"November 7, 2011 — Many patients with Alzheimer's disease are simultaneously prescribed cholinesterase inhibitors (ChIs) and anticholinergics (AChs), 2 drug classes that have the potential to cancel each other out. "

Artsen, die alles weten, en die als bevoegde beroepsgevormde autoriteiten wensen aanzien te worden, vooral wanneer ze een apotheker in verachting met de vinger wijzen, diezelfde artsen verrijken zich door een nieuwe generatie chronisch met doping vasculaire Alzheimers aan te smeren en als het zover is, rinkelt opnieuw de kassa door tegelijk niet alleen psychotica (Aricept, Exelon – de tweede component ervan) maar ook nog antipsychotica voor te schrijven, en bovendien niet eens te beseffen waarmee men in godsnaam bezig is.

Kiekens zonder kop, maar het verdient wel goed.

---

1   http://www.medscape.com/viewarticle/753019
2   http://onlinelibrary.wiley.com/doi/10.1111/j.1532-5415.2011.03654.x/abstract

From Medscape Medical News > Psychiatry

Meds Prescribed for Alzheimer's May Cancel Each Other Out

Deborah Brauser

Authors and Disclosures

🖨 Print This   📤 Email this   🔗 Share

November 7, 2011 — Many patients with Alzheimer's disease are simultaneously prescribed cholinesterase inhibitors (ChIs) and anticholinergics (AChs), 2 drug classes that have the potential to cancel each other out.

Read this article on Medscape's free mobile app. Download Now

A retrospective cohort study of more than 5000 patients taking ChIs shows that 37% also received at least 1 anticholinergic, and 11% received 2 or more. In addition, 25% of participants who used both types of medications at the same time did so for at least 12 months.

The study was published online October 22 in the *Journal of the American Geriatrics Society*.

En toch ... eind goed, al goed.

Het stukje in Medscape eindigt met deze verstandige boodschap:

"Perhaps it should be a pharmacist and not just a physician that keeps an eye on whether or not there are medications that may be contradicting each other."

Multiple Physicians, Multiple Treatments

"I thought this was an interesting study that's consistent with our clinical experience," Iqbal "Ike" Ahmed, MD, clinical professor of psychiatry and geriatric medicine at the University of Hawaii in Honolulu, and a member of the board of directors for the American Association of Geriatric Psychiatry, told *Medscape Medical News*.

Dr. Ahmed, who was not involved in the research, noted that the investigators used health records to reach their conclusions.

"They were looking at some outcomes which are indirect measures of the effects of medication. That said, their findings were not surprising. And I think it raises some concerns because this is definitely not recommended practice."

Dr. Iqbal Ahmed

He added that the difficulty comes from the fact that elderly patients often have comorbidities, multiple physicians, and multiple treatments.

"I think many physicians often don't track drug–drug interactions very well, using instead a symptom-oriented approach to treatment. And you can end up with multiple medications that seem to counter one another."

Dr. Ahmed said that when elderly patients with dementia complain about, for example, gastrointestinal problems or ulcers, clinicians need to decide whether treating the problem is worth counteracting the therapeutic benefits of ChIs on memory and cognition.

"I think some of it may be a matter of physician education, and some may be a systems issue. Oftentimes it's difficult for one physician to monitor all the medications, which can take a significant amount of time in this population. Perhaps it should be a pharmacist and not just a physician that keeps an eye on whether or not there are medications that may be contradicting each other."

Al lijken de apothekers in de VS natuurlijk veel slimmer dan die van het oude continent.

Bestaat er nu een verband tussen Alzheimer-dementie en Parkinson-dementie?
Een vraag die te lezen staat op Gezondheidsweb[1].
Wat mij achterover laat vallen is deze conclusie.

"Tot een derde van de patiënten die lijden aan de ziekte van Parkinson kunnen Alzheimer krijgen. Ook andere vormen van dementie zijn mogelijk, zoals bijvoorbeeld een aan Alzheimer verwachte vorm van verwarring.
Deze evolutie doet zich meestal voor in een latere fase van de ziekte van Parkinson.
Overigens kan ook een depressie leiden tot geheugenverlies en verwarring.
Hallucinaties zijn ook mogelijk, waarschijnlijk hoofdzakelijk als gevolg van de genomen medicatie."

Die twee laatste zinnen.
Een droefenis, die men met antidepressiva behandelt, veroorzaakt iatrogeen een depressie.
Depressie is een term die geplukt werd uit de weerberichten van dertig jaar geleden.
Antidepressivum is een eufemisme voor de chemische stoffen die psychotica en doping zijn.

Omdat het werkingsmechanisme ervan commercieel beter onbekend blijft.
Terwijl het wel bekende werkingsmechanisme verklaart WAAROM en HOE geheugenverlies, verwarring en hallucinaties ontstaan "waarschijnlijk(?) hoofdzakelijk(?) als gevolg van de genomen medicatie".

Wel, wel, wel !
Dus men experimenteert met psychotica bij 'depressies', bij Alzheimer... maar hoe staat het bij Parkinson?

Chemisch zijn de "zogenoemde" anti-cholinergica (Artane, Akineton, Kemadrin), psychotica, met de gekende bijwerkingen ervan.

De MAO-B-remmers (Azilect, Eldepril) , werken net als amfetamine, en zijn ook... psychotica.

Dan de dopamine-agonisten:

Parlodel is een moederkoorn-alkaloid, een stof uit de indol-groep van psychotica.
Permax (een ergoline), wordt minder gebruikt omwille van de cardiale gevaren ermee.
Requip is, weliswaar geen ergoline, maar toch een indol-psychoticum.
De benzothiazol (Sifrol) heeft een stikstof op de juiste plaats tegenover de energiecomponent, om een gevarenreflex door het zenuwstelsel te veroorzaken.
Ldopa (Sinemet, Madopar, Stalevo), heeft net als de andere neurotransmitters een phenyl-ethylaminestructuur, dezelfde structuur immers als amfetamine, als een fake-neurotransmitter.
Rotigotine (Neupro) is een ergoline-gesubstitueerd thiofeenethylamine (twee psychotica-patronen in een en dezelfde molecule).

---

1   http://www.gezondheidsweb.eu/gezondleven/parkinson/verband-tussen-ziekte-van-parkinson-en-alzheimer-dementie

Bedenk daarbij dat Lilly het zeer potente thiofeenpropylamine (Cymbalta), als doping bij droefheid, recent geprobeerd heeft nog te versterken door er thiofeenethylamine-derivaten van te maken.
De twee eerste stoffen ervan die op proefdieren werden uitgetest, hadden de dood voor gevolg van alle beestjes.
Zo te zien kan met dit thiofeenethylamine-patroon toch nog broodjes gebakken worden, al staat hetzelfde patroontje als metaboliet bij Articaine niet bepaald een schitterende toekomst te wachten.
(Slachtoffers daaraan weten waarom, al kronkelen gesponsorde wetenschappers omdat nog niet echte doden zijn gevallen. Jammer genoeg bewaar ik sommige zielige academische reacties daarover, tot de tijd iets rijper wordt.)

De symptoombehandeling bij Parkinson steunt dus, net als bij droefheid, Alzheimer, ADHD, PSTD, PDS, koude tenen, angsten, de niet-hormonale therapie bij menopauze, als adjuvans bij een borstkanker chemotherapie en bij vormen van autisme, ook op de gevarenreflex waarmee het zenuwstelsel op een aanval reageert en die, door het welbehagen dat daardoor ontstaat, een schijn van gunstige behandeling veroorzaakt.

Terwijl... zoals ook Gezondheidsweb durft vermoeden, men in de eerste plaats schade toebrengt om die reflex van verweer ertegen therapeutisch te gebruiken.
Bij evidentie dan.

Want de kennis over de eerste stap van de actie (het gevaar), die wil niemand geweten hebben.
Die eerste stap is vervangen door fabels over serotonine of dopamine.
En die fabels, samen met de eufemistische naamgeving van groepen chemicaliën, vormen de enige poot van een gigantische industrie, die uiteindelijk...zelfmoorden, meer depressies, ongeleide projectielen, agressie, infarcten en dementie doet ontstaan.

Ik besef dat dit wel heel negatief overkomt, maar ik wou in de eerste plaats reageren op de megablunder waarmee men al een hele tijd een nieuwe generatie jongeren om zeep aan het brengen is.

Na verloop van die acht jaar ben ik in een danige beerput terecht gekomen, waardoor ik dag na dag begon te begrijpen hoe het allemaal in elkaar steekt.

Als slot nog enkele kwakkels uit de wereld helpen.

Stelling:
Zij die lijden aan een veronderstelde ziekte zouden baat hebben bij het gebruik van stimulantia, voor gezonden is het doping.
Antwoord:
Amfetamines en cocaïnes zijn, als psychotica, in lage doseringen, doping voor iedereen.
Bij de vermeende ziekte doseert men veel hoger, tot dwangmatig psychotisch, dus kalmer en en robotmatig dociel.

Stelling:
Suikerzieken krijgen toch ook insuline, wat voor gezonden zelfs schadelijk is.
Antwoord:
Bij suikerziekte kan men een medische diagnose stellen. In geval van ziekte daaraan zal bij toediening van deze giftige stof het lichaam geen afweerstoffen produceren als een gevarenreactie erop, wat bij kinderen bij een geprojecteerde onmacht van de omgeving wel gebeurt, wanneer ze een toxicomanie worden opgedrongen.

Stelling:
De korte werkingsduur duidt op een snelle eliminatie uit het lichaam, waardoor men tot de onschadelijkheid besluit.
Antwoord:
De schijnbaar korte werkingsduur is niet het therapeutisch effect van de stof, maar van de gevarenreflex waarop het lichaam reageert wanneer neuronen worden verwoest. Elke nieuwe toediening vernietigt opnieuw een reeks neuronen.

Stelling:
Het doodvallen tijdens of na een behandeling, komt door een aangeboren hartziekte.
Antwoord:
Het doodvallen eraan is het gevolg van een pulmonaire hypertensie, veroorzaakt door chronisch vernauwde of dichtgeklapte bloedvaten.
Vandaar ook de grotere kans op een latere dementie, een verband dat intussen al werd aangetoond bij een chronisch SSRI-gebruik, stoffen die net zo goed ook psychotica zijn.
Bemerk ook het steeds groter wordend obligate gebruik van antipsychotica bij langdurige antidepressieve behandelingen.

Stelling:
Een behandeling met psychotica zou een ondersteunende gedragstherapie gunstig beïnvloeden.
Antwoord:
Elke dosis van een psychoticum verwoest de bouwstenen van het zenuwstelsel, waardoor dosis per dosis een verminderde controle over het gedrag ontstaat.
Geen wonder dat falende gedragstherapeuten bij hun vergeefse moeite door de behandelende artsen daarbij dan als 'onbekwamen' worden bestempeld.
De echte onbekwamen zijn diegenen die niet eens een medische diagnose van een veronderstelde ziekte kunnen stellen en nog minder weten, wat dwangmatig psychotisch makende stoffen aanrichten bij gezonde opgroeiende kinderen.

www.ingramcontent.com/pod-product-compliance
Lightning Source LLC
La Vergne TN
LVHW020053210726
843507LV00015B/1909